看图学规范系列丛书

看图学规范——砌体结构

王艺霖　马敏生　编著

U0340896

中国建筑工业出版社

图书在版编目（CIP）数据

看图学规范——砌体结构/王艺霖，马敏生编著. —北京：中国建筑工业出版社，2017.5
（看图学规范系列丛书）
ISBN 978-7-112-20571-4

Ⅰ.①看… Ⅱ.①王… ②马… Ⅲ.①砌体结构-建筑规范-中国 Ⅳ.①TU36-65

中国版本图书馆 CIP 数据核字（2017）第 053600 号

本书依照"从整体到局部、从主要到次要"的脉络梳理了《砌体结构设计规范》GB 50003、《砌体结构工程施工质量验收规范》GB 50203、《建筑抗震设计规范》GB 50011 中有关砌体结构的内容，以强化"结构"概念。书中大量采用框图的形式来表达规范条文，同时辅以众多实景照片，清晰简洁地介绍了砌体结构的基础概念、设计理念、分析和设计方法、特殊构件、改进形式、构造要求、抗震设计等重点内容。

本书可作为土木工程相关专业本科生、研究生学习砌体结构国家规范的辅导书，也可作为结构设计人员、施工技术人员的技术参考书。

责任编辑：刘瑞霞　刘婷婷
责任设计：谷有稷
责任校对：李美娜　焦　乐

看图学规范系列丛书
看图学规范——砌体结构
王艺霖　马敏生　编著

*

中国建筑工业出版社出版、发行（北京海淀三里河路 9 号）
各地新华书店、建筑书店经销
北京红光制版公司制版
环球东方（北京）印务有限公司印刷

*

开本：787×1092 毫米　1/16　印张：20½　字数：494 千字
2017 年 7 月第一版　2017 年 7 月第一次印刷
定价：**56.00** 元
ISBN 978-7-112-20571-4
（30238）

前　　言

砌体结构是一种古老的建筑结构形式，获得了非常广泛的应用。要全面地掌握砌体结构的相关知识，需要深入学习《砌体结构设计规范》GB 50003、《砌体结构工程施工质量验收规范》GB 50203，以及《建筑抗震设计规范》GB 50011 中有关砌体结构的内容。

为了帮助学习者尽快熟悉和掌握这三本国家规范，本书在写作过程中力求简明扼要，大量采用框图的形式代替文字来表达规范条文，同时结合诸多实景照片来解释说明规范中的重点内容，帮助加深对关键概念和要点的理解，提升学习效率和效果。

特别值得说明的是，本书并非完全依照规范的内容顺序来讲述，而是基于"强化结构概念"的观念，依照"从整体到局部、从主要到次要"的思路，对规范的相关内容作了一个新的梳理。

全书共 11 章，第 1 章为概述，第 2、3 章为基础性的概念、方法和设计参数——强度设计值，第 4 章按从整体分析到局部设计的顺序介绍砌体结构墙体所需的计算，第 5 章介绍砌体结构房屋其他构件（过梁、圈梁、挑梁、悬挑构件等）的设计，第 6 章介绍改进的砌体结构——配筋砌体结构的类型和承载力计算方法，第 7 章介绍砌体结构上可能出现的一种组合构件——墙梁，第 8 章介绍构造要求和墙体高厚比的要求，第 9 章介绍砌体结构房屋的抗震设计，第 10 章介绍施工要点，第 11 章为结语。

在本书的编写过程中，得到了山东建筑大学领导及师生、博牛优化公司的大力支持以及吉林大学土木工程系高欣博士的指导和帮助。另外，中国十七冶集团公司张平高工、中国建筑设计集团济南分院宋本腾工程师、中国建筑第一工程局何清耀工程师、中铁第四勘察设计院杨俊文工程师、英国卡迪夫大学研究生刘晓阳、加拿大 University of Western Ontario 研究生刘明玥、山东建筑大学丁和等提供了部分照片，特别表示感谢！

本书适用于土木工程相关专业的本科生及研究生、从事建筑结构设计和施工的技术人员。对于在校学生而言，本书可以提高学习砌体结构的兴趣、帮助尽快理解砌体结构的理论体系、熟悉规范条文；对于设计院的结构设计人员、施工单位的技术人员也可以通过比较轻松的阅读来掌握规范条文，理解核心思想。

因作者水平有限，敬请广大读者对书中错误和欠妥之处提出批评和指正。

有关结合图示和照片来编写国家规范学习辅导书的方式，本书是一个尝试，今后有待作进一步的改进。

作者
于山东济南
2017 年 6 月

说　　明

本书主要涉及以下规范：

[1]　《砌体结构设计规范》GB 50003—2011，本书简称《规范》；

[2]　《砌体结构工程施工质量验收规范》GB 50203—2011，本书简称《验收规范》；

[3]　《建筑抗震设计规范》GB 50011—2010，本书简称《抗震规范》。

注意

以下规范条文为强制性条文，必须严格执行。

《砌体结构设计规范》GB 50003—2011

3.2.1条、3.2.2条、3.2.3条、6.2.1条、6.2.2条、6.4.2条、7.1.2条、7.1.3条、7.3.2条（1、2）、9.4.8条、10.1.2条、10.1.5条、10.1.6条

《砌体结构工程施工质量验收规范》GB 50203—2011

4.0.1条（1、2）、5.2.1条、5.2.3条、6.1.8条、6.1.10条、6.2.1条、6.2.3条、7.1.10条、7.2.1条、8.2.1条、8.2.2条、10.0.4条

目　　录

第1章 砌体结构概述

1.1 砌体结构掠影

如图 1-1～图 1-16 所示。

(a)　　　　　　　　　　　　　　　(b)

图 1-1　广州陈家祠

图 1-2　济南老城墙（明代）　　　　图 1-3　威海刘公岛上某民居

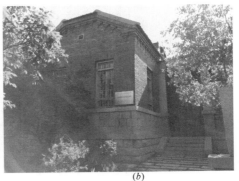

(a)　　　　　　　　　　　　　　　(b)

图 1-4　山东建筑大学校内老别墅

(a)

(b)

(c)

图 1-5　济南洪家楼大教堂

图 1-6　齐鲁医院和平楼

(a)

(b)

(c)

(d)

图 1-7 缅甸仰光圣玛丽大教堂

图 1-8 缅甸民居

图 1-9 广州古城墙

图 1-10　山东省图书馆老馆

图 1-11　南京鼓楼

图 1-12　上海中共一大会址纪念馆

图 1-13　上海交通大学图书馆

图 1-14　加拿大多伦多大学医学
研究中心（供图：刘明玥）

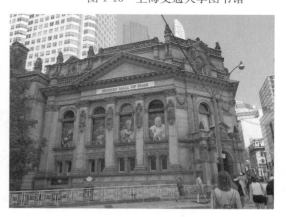

图 1-15　加拿大冰球名人堂
（供图：刘明玥）

图 1-16　英国牛津大学（供图：刘晓阳）

主要研究对象：砌体结构房屋。

次要研究对象：砌体柱子等构件。

1.2　砌体的材料

砌体：块体用砂浆砌筑在一起。如图 1-17 所示。

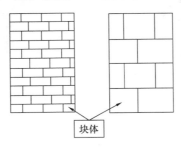

图 1-17　砌体示意图

✳ 1.2.1　块体

块体是砌体的主要部分，体积占 78% 以上。主要包括图 1-18 所示三大类。

图 1-18　块体的分类

1.2.1.1　砖

1. 砖的种类及规格

（1）烧结砖

烧结砖的种类及规格如图 1-19 所示。应用实例如图 1-20～图 1-25 所示。

烧结砖
├─ ◆ 普通砖
│   ● 原料：黏土、页岩、煤矸石或粉煤灰
│   ● 实心或孔洞率不大于规定值
│   ● 外形尺寸符合规定的砖:240mm×115mm×53mm
│
├─ ◆ 多孔砖:孔洞小而多
│   ● 孔洞率不小于25%
│   ● 减轻结构自重
│   ● 改善绝热和隔声性能
│
└─ ◆ 空心砖:孔洞少而大

图 1-19　烧结砖的种类及规格

(a)

(b)

图 1-20　烧结黏土砖

(a)

(b)

图 1-21　济南某处的烧结黏土砖砌体

图 1-22　烧结煤矸石砖　　　　　　　　图 1-23　某砖砌体（一）

(a)　　　　　　　　　　　　　　　　　(b)

图 1-24　某砖砌体（二）

图 1-25　威海环翠楼内的砖拱

➢ 焙烧窑中为氧化气氛时（敞窑）烧制得红砖；

➢ 焙烧窑中为还原气氛时（闷窑）烧制得青砖。

青砖比红砖结实，耐碱、耐久性好，可称为："砖"中"贵族"。如图 1-26～图 1-30
所示。图 1-31～图 1-33 所示为烧结砖在缅甸的应用。

图 1-26　青砖实例——济南老城墙

(a)

(b)

图 1-27　青砖实例——建于 1905 年的教堂（山东济南齐鲁医院内）

图 1-28　青砖实例——齐鲁医院附近某处

图 1-29　青砖实例——山东剧院

(a)

(b)

图 1-30　青砖实例——威海环翠楼某处

图 1-31　缅甸的实心黏土砖

(a)   (b)

(c)   (d)

图 1-32　缅甸的砖砌建筑

图 1-33　缅甸某种多孔砖

（2）蒸压砖

蒸压砖的种类和工艺如图 1-34 所示。实物图片见图 1-35、图 1-36。

蒸压砖 ┫ ◆ 灰砂砖　（原料：石灰、砂）

　　　　 ◆ 粉煤灰砖　（原料：粉煤灰、石灰）

工艺：坯料制备 ⟶ 压制成型 ⟶ 蒸压养护

图 1-34　蒸压砖的种类和工艺

图 1-35　蒸压粉煤灰砖　　　　　　　图 1-36　缅甸某蒸压灰砂砖

（3）混凝土砖

混凝土砖及其种类如图 1-37 所示。实物图片见图 1-38。

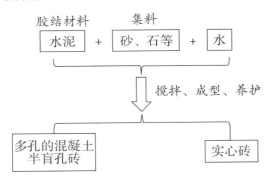

图 1-37　混凝土砖及其种类

图 1-38　混凝土砖（供图：张平）

2. 砖的强度等级

砖强度等级的划分依据和考虑因素如图1-39所示。

砖的强度等级 ——划分依据→ 标准试验方法所得到的极限强度

考虑因素
- 烧结砖：抗压强度平均值、标准值和变异系数等
- 蒸压灰砂砖：
  - 抗压强度
  - 抗折强度
- 蒸压粉煤灰砖：
  - 抗压强度 应乘碳化系数
  - 抗折强度

图1-39　砖强度等级的划分依据和考虑因素

说　明

砖的强度等级用"MU"来表示，其后数字表示块体强度的大小，单位为MPa（N/mm²）。

烧结砖的强度等级包括：MU10、MU15、MU20、MU25、MU30；

蒸压灰砂（粉煤灰）砖的强度等级包括：MU15、MU20、MU25；

混凝土砖的强度等级包括：MU15、MU20、MU25、MU30；

空心砖的强度等级包括：MU3.5、MU5、MU7.5、MU10。

以上参见《规范》3.1.1条、3.1.2条

1.2.1.2　砌块

砌块指规格尺寸比砖大的人造块材。

按材料分：普通混凝土空心砌块、轻集料混凝土空心砌块、粉煤灰空心砌块、煤矸石空心砌块、炉渣混凝土空心砌块、加气混凝土砌块、石膏砌块等。

砌块的外形分类如图1-40所示。应用实例如图1-41～图1-55所示。

高度
- ➢小型砌块　　＜350mm
- ➢中型砌块　　350～900mm
- ➢大型砌块　　＞900mm

图1-40　砌块的外形分类

图1-41　某地堆放的加气混凝土砌块

图1-42 济南某工地上堆放的加气混凝土砌块

图1-43 加气混凝土砌块简易房屋

图1-44 济南高新区某写字楼内
的加气混凝土砌块

图1-45 加气混凝土砌块（供图：张平）

(a)

(b)

图1-46 山东平度江山帝景项目上用的加气混凝土砌块（一）（供图：何清耀）

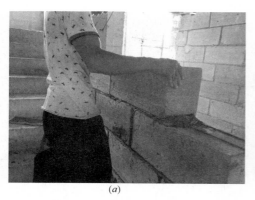 

(a)   (b)

图 1-47　山东平度江山帝景项目上用的加气混凝土砌块（二）（供图：何清耀）

图 1-48　山东平度江山帝景项目上用的加气混凝土砌块（三）（供图：何清耀）

(a)   (b)

图 1-49　济南东部某楼盘用的加气混凝土砌块

图 1-50 济南汉峪某高层住宅内的加气混凝土砌块墙体

图 1-51 济南奥体中心附近某建筑

(a)

(b)

图 1-52 济南华润某楼盘内的加气混凝土砌块

图 1-53 石膏砌块

图 1-54 济南某建材厂生产的石膏砌块

图 1-55　缅甸仰光产的加气混凝土砌块

混凝土砌块的强度等级如图 1-56 所示。

强度等级 ⟶ （划分依据） 3个试块根据标准试验方法计算的极限抗压强度

➢ 对混凝土砌块，分五种：

MU5、MU7.5、MU10、MU15、MU20

➢ 对轻集料混凝土砌块，分四种：

MU3.5、MU5、MU7.5、MU10

图 1-56　混凝土砌块的强度等级

以上参见《规范》3.1.1 条

1.2.1.3　石材

石材的分类如图 1-57 所示。应用实例如图 1-58～图 1-87 所示。

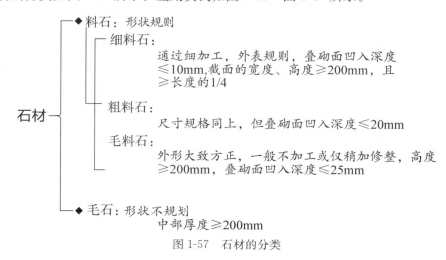

石材
- 料石：形状规则
  - 细料石：通过细加工，外表规则，叠砌面凹入深度≤10mm,截面的宽度、高度≥200mm，且≥长度的1/4
  - 粗料石：尺寸规格同上，但叠砌面凹入深度≤20mm
  - 毛料石：外形大致方正，一般不加工或仅稍加修整，高度≥200mm，叠砌面凹入深度≤25mm
- 毛石：形状不规划　中部厚度≥200mm

图 1-57　石材的分类

(a)

(b)

(c)

(d)

图 1-58　济南黑虎泉附近的毛石（一）

(a)

(b)

(c)

(d)

图 1-59　济南黑虎泉附近的毛石（二）

(a)

(b)

图 1-60　济南黑虎泉附近的毛石（三）

(a)

(b)

图 1-61　济南黑虎泉附近的料石

图 1-62　济南解放阁的料石

图 1-63　济南某小区内的料石

图 1-64　济南泉城公园某处的拱桥基础（毛石）

(a)

(b)

图 1-65　济南大明湖某处的料石

(a)

(b)

图 1-66　济南大明湖内的料石柱子

图 1-67 济南五龙潭某处的料石

图 1-68 济南趵突泉内万竹园的毛料石

图 1-69 济南金鸡岭某处的毛石

图 1-70　济南某小区的毛石

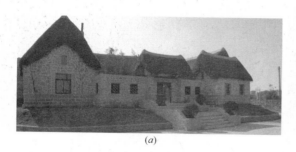

(a)　　　　　　　　　　　　　　　　(b)

图 1-71　山东建筑大学校内的毛石砌体——胶东海草房

(a)　　　　　　　　　　　　　　　　(b)

图 1-72　山东建筑大学校内的毛石砌体——岱岳一居

(a)　　　　　　　　　　　　　　　(b)

图 1-73　山东建筑大学校内的料石砌体——凤凰公馆

图 1-74　山东建筑大学校内老别墅的料石砌体

(a)　　　　　　　　　　　　　　　(b)

图 1-75　山东建筑大学校内的料石

图 1-76　山东建筑大学校内的料石

(a)

(b)

图 1-77　济南南郊某处的料石砌体

图 1-78　山东建筑大学内的料石凳子

图 1-79　山东财经大学某处的料石凳子

(a)　　　　　　　　　　　　　　　　(b)

图 1-80　威海公园某处的毛石

图 1-81　威海公园某处的毛料石

(a)　　　　　　　　　　　　　　　　(b)

图 1-82　威海空军疗养院的毛石

(a)   (b)

图 1-83　威海空军疗养院内的料石

(a)   (b)

图 1-84　威海环翠楼的料石（一）

图 1-85　威海环翠楼的料石（二）

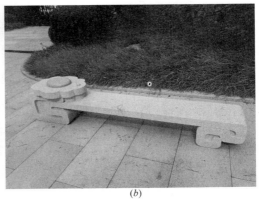

(a) (b)

图 1-86　威海环翠楼的料石（三）

图 1-87　威海半月湾的毛石

　　强度等级用边长 70mm 的立方体试块的抗压强度表示。抗压强度取三个试件破坏强度的平均值。

　　分 MU100、MU80、MU60、MU50、MU40、MU30 和 MU20。

以上参见《规范》3.1.1 条

石头砌体中的石材应选用无明显风化的天然石材。

以上参见《规范》附录 A

✳ 1.2.2　砂浆

　　由胶结料（水泥、石灰、石膏等）、细集料（砂）、水及掺和料、外加剂等组分按一定比例混合后搅拌而成。

砂浆的作用如图 1-88 所示。

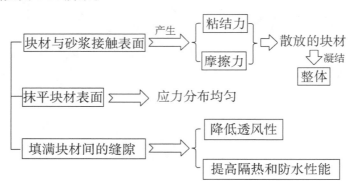

图 1-88　砂浆的作用

砂浆的种类和特点如图 1-89 所示。现场图片见图 1-90、图 1-91。

	优点	缺点	应用
水泥砂浆	强度高、耐久性好	流动性和保水性较差，施工难度较大	适于砌筑强度高的砌体和地下砌体
混合砂浆 (水泥石灰砂浆、水泥石膏砂浆)	流动性和保水性较好，便于施工砌筑	不适于砌筑地下砌体	适于砌筑一般地面以上的墙、柱等构件
非水泥砂浆 (石灰砂浆、石膏砂浆、黏土砂浆等)		强度低、耐久性差	只适于砌筑承受荷载不大的砌体或临时性的建筑物、构筑物

图 1-89　砂浆的种类和特点

图 1-90　某即将拌合的水泥砂浆

图 1-91　水泥石灰混合砂浆

砂浆的和易性包含流动性和保水性两方面，与混凝土的和易性相比少了黏聚性，如图1-92所示。

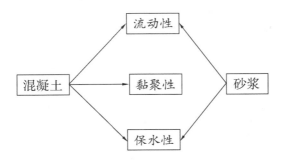

图 1-92 砂浆与混凝土的和易性

说　明

砂浆的和易性由流动性和保水性两个方面作综合评定。

（1）流动性：即砂浆稠度，指砂浆在自重或外力作用下流动的性能，用砂浆稠度测定仪测定，以沉入度（mm）表示。沉入度越大，流动性越好。

（2）保水性：新拌砂浆保持内部水分不泌出流失的能力，用砂浆分层度筒测定，以分层度（mm）表示，分层度大，保水性差。

注意

水泥砂浆虽然本身强度较高，但流动性和保水性较差，导致砌筑的砌体强度并不高。因此常用水泥混合砂浆来进行砌筑。

砂浆的类型和强度等级选用如图1-93和图1-94所示。非烧结砖的砌筑注意事项如图1-95所示。

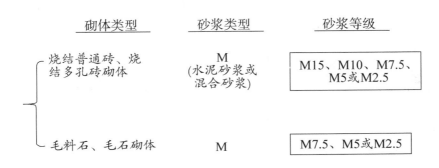

图 1-93 砂浆的类型和强度等级选用（一）

砌体类型	砂浆类型	等级
蒸压灰砂普通砖、蒸压粉煤灰普通砖砌体	**Ms** (由水泥、砂、水、掺合料、外加剂等按一定比例拌合而成)	Ms15、Ms10、Ms7.5、Ms5.0
混凝土普通砖、混凝土多孔砖、单排孔混凝土砌块和煤矸石混凝土砌块砌体	**Mb** (由水泥、砂、保水、增稠材料、水、掺合料、外加剂等按一定比例拌合而成)	Mb20、Mb15、Mb10、Mb7.5、Mb5
双排孔或多排孔轻集料混凝土砌块砌体	**Mb**	Mb10、Mb7.5、Mb5

图 1-94 砂浆的类型和强度等级选用（二）

对非烧结砖(砌块)

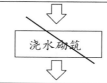

为了减少砌体的干燥收缩裂缝

~~浇水砌筑~~

为了保证砂浆砌筑时的工作性能和砌体抗剪强度及抗压强度

采用保水性好、粘结性能好的专用砂浆砌筑

图 1-95 非烧结砖的砌筑注意点

说　明

（1）烧结普通砖、烧结多孔砖砌体采用的砂浆的强度等级：M15、M10、M7.5、M5 和 M2.5。

（2）毛料石、毛石砌体采用的砂浆的强度等级：M7.5、M5 和 M2.5。

（1）蒸压灰砂普通砖、蒸压粉煤灰普通砖砌体采用的砂浆：

由水泥、砂、水以及根据需要掺入的掺合料和外加剂等组分，按一定比例，机械拌合而成。要求：2h稠度损失率≤30%，保水性≥88%，拉伸粘结强度应≥0.25MPa。

强度等级：Ms15、Ms10、Ms7.5和Ms5.0。

（2）混凝土普通砖、混凝土多孔砖、单排孔混凝土砌块和煤矸石混凝土砌块砌体采用的砂浆：

由水泥、砂、保水增稠材料、外加剂、水以及根据需要掺入的掺和料等组分，按一定比例，机械拌合而成。要求：2h稠度损失率≤30%，保水性≥88%。

强度等级：Mb20、Mb15、Mb10、Mb7.5、Mb5。

（3）双排孔或多排孔轻集料混凝土砌块砌体用砂浆：

种类同（2），强度等级：Mb10、Mb7.5和Mb5。

以上参见《规范》3.1.3条

1.3 砌体结构房屋的组成及结构布置方案

砌体：指块体用砂浆砌筑在一起。

✳ 1.3.1 房屋的组成和受力特点

砌体结构房屋的组成如图1-96所示。

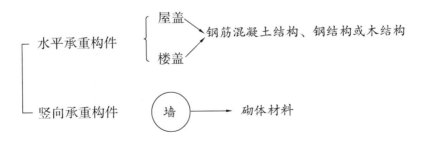

图1-96 砌体结构房屋的组成

因此，砌体结构房屋又称为混合结构房屋。

砌体结构房屋的受力特点如图1-97所示。

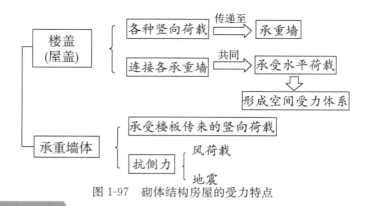

图 1-97　砌体结构房屋的受力特点

✳ 1.3.2　混合结构房屋的布置方案

　　根据荷载传递路线，混合结构房屋有如下三种承重体系：
　　1. 横墙承重体系
　　由横墙直接承受屋面、楼面荷载（图 1-98）。
　　传力过程为：荷载→板→横墙→基础→地基。
　　体系的特点如图 1-99 所示。

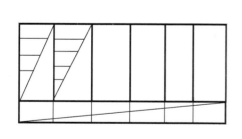

图 1-98　横墙承重方案

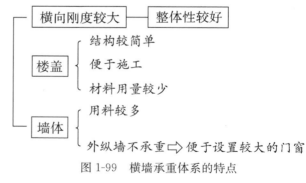

图 1-99　横墙承重体系的特点

主要用途：房间大小固定、横墙间距较小的住宅、宿舍、旅馆及办公楼等（图 1-100～图 1-102）。

图 1-100　威海刘公岛上的北洋水师衙门旧址

图 1-101　济南某横墙承重房屋

图 1-102　某横墙承重房屋

2. 纵墙承重体系

由纵墙直接承受屋（楼）面荷载，如图 1-103 所示。

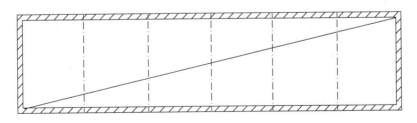

图 1-103　纵墙承重方案

传力过程：荷载→板→梁（屋架）→纵墙→基础→地基。

纵墙承重体系的特点如图 1-104 所示。

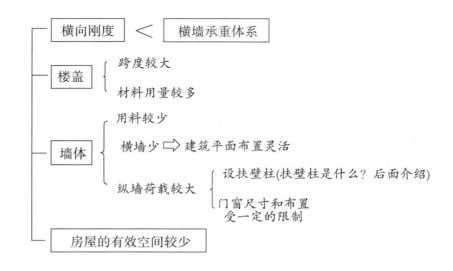

图 1-104　纵墙承重体系的特点

说　明

横墙较少，建筑平面布置较灵活，但纵墙承受的荷载较大，往往要设扶壁柱，且门窗尺寸和布置受到一定的限制；房屋的横向刚度较横墙承重体系差；楼盖跨度较大、用料较多，但墙体用料较少，且房屋的有效空间也较少。

主要用途：开间较大的教学楼、医院、食堂、仓库等（图 1-105～图 1-107）。

图 1-105　某纵墙承重房屋（上海交通大学某处）

图 1-106　某纵墙承重房屋（一）

3. 纵横墙混合承重体系

纵横墙混合承重体系的特点及方案如图 1-108 和图 1-109 所示。应用实例如图 1-110～图 1-112 所示。

图 1-107　某纵墙承重房屋（二）

纵墙和横墙混合承受屋(楼)面荷载

兼有前述两种承重体系的特点

适应房屋平面布置的多种变化

满足建筑功能要求

图 1-108　纵横墙混合承重体系的特点

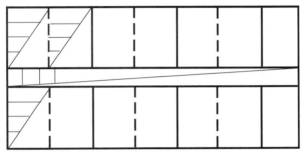

图 1-109　纵横墙混合承重方案

图 1-110　西安交通大学某宿舍楼

图 1-111　威海刘公岛上某英国海军陆战队兵营旧址

图 1-112　某纵横墙混合承重房屋

可见，在结构设计时，应优先选用横墙承重体系和纵横墙混合承重体系。

1.4 混合房屋的静力计算方案分类

房屋都是空间结构，具有一定的空间工作性能。

房屋的空间工作性能主要与两个因素有关，如图 1-113 所示。图 1-114 所示为山墙实例。

| 楼(屋)盖的平面内刚度 |
| 横墙或山墙的间距 |

顶部水平位移

图 1-113 房屋的空间工作性能

图 1-114 某山墙

说 明

楼（屋）盖的平面内刚度越小、横墙或山墙的间距越大，则房屋顶部的水平位移越大。

根据空间工作性能，可将实际房屋划分为三种类型：刚性方案、刚弹性方案、弹性方案。

具体的划分依据见《规范》表 4.2.1。

	屋盖（楼盖）类别	刚性方案	刚弹性方案	弹性方案
1	整体式、装配整体式和装配式无檩体系钢筋混凝土屋盖（楼盖）	$s<32m$	$32m\leqslant s\leqslant 72m$	$s>72m$
2	装配式有檩体系钢筋混凝土、轻钢、有密铺望板的木或竹屋盖（楼盖）	$s<20m$	$20m\leqslant s\leqslant 48m$	$s>48m$
3	冷摊瓦木屋盖（楼盖）和石棉水泥瓦轻钢屋盖（楼盖）	$s<16m$	$16m\leqslant s\leqslant 36m$	$s>36m$

注：s 为房屋长度。

《规范》表 4.2.1 的作用如图 1-115 所示。

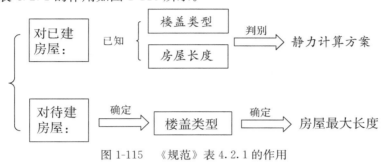

图 1-115　《规范》表 4.2.1 的作用

三种静力计算方案的特点如图 1-116 所示。

图 1-116　三种计算方案的特点

说　明

（1）刚性方案：房屋的空间刚度比较大，在水平荷载作用下，房屋的位移比较小。在内力计算时，可将墙体视为一竖向的梁，楼盖和屋盖为该梁的不动铰支座。

（2）弹性方案：房屋的空间刚度比较小，在水平荷载作用下位移比较大。在内力计算时，按屋架与墙柱铰接的排架计算内力。

（3）刚弹性方案：房屋的空间刚度介于上述两者之间，在水平荷载作用下，房屋的位移不能忽略不计。在内力计算时，按排架计算，但要增加弹性支座。

显然，刚性方案最好，能充分发挥构件潜力。

一般来说，砌体结构房屋都应设计成刚性方案。

意味着根据不同的屋盖类型，房屋的长度要满足《规范》表4.2.1的要求。

第2章　砌体结构设计的基本概念和方法

2.1　工程建设的环节和结构设计的阶段

工程建设的主要环节如图 2-1 所示。

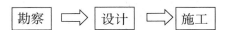

图 2-1　工程建设的主要环节

程序： 先勘察后设计，先设计后施工。

建筑结构设计的阶段如图 2-2 所示。

图 2-2　建筑结构设计的阶段

2.2　结构设计的原则

结构设计的一般原则如图 2-3 所示。

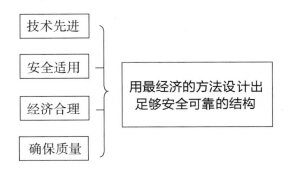

图 2-3　结构设计的一般原则

具体的结构设计原则如图 2-4 所示。

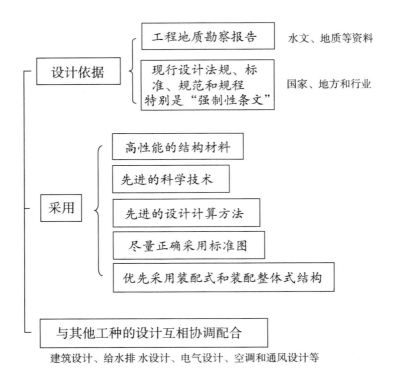

图 2-4　具体的结构设计原则

说　明

（1）详细阅读和领会工程地质勘察报告，把建筑场地的水文、地质等资料作为设计的依据。

（2）把国家、地方和行业的现行设计法规、标准、规范和规程等作为设计的依据，切实遵守有关规定，特别是"强制性条文"的规定。

（3）采用高性能的结构材料、先进的科学技术、先进的设计计算方法。

（4）结合工程的具体情况，尽可能采用并正确选择标准图。

（5）宜优先采用有利于建筑工业化的装配式结构和装配整体式结构。

（6）与其他工种的设计，诸如建筑设计、给水排水设计、电气设计、空调和通风设计等互相协调配合。

2.3　砌体结构设计方法的演变

设计方法的演变如图 2-5 所示。

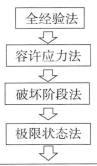

图 2-5　砌体结构设计方法的演变

说　明

（1）全经验法

只凭工匠们的经验建造砌体结构，认为不倒不垮就是安全。

（2）容许应力法

将砌体结构的材料视为理想弹性体，用线弹性理论方法算出结构在标准荷载下的应力，然后要求任一点的应力不超过材料的容许应力（由材料的屈服强度或极限强度除以一个安全系数而得）。

（3）破坏阶段法

设计原则是：砌体结构构件达到破坏阶段时的设计承载力不低于标准荷载产生的构件内力乘以安全系数 K。该方法的特点是：以截面内力（而不是应力）为考察对象，考虑了材料的塑性及其极限强度；内力计算多数仍采用线弹性方法，少数采用弹性方法；仍采用单一的、经验的安全系数。

（4）极限状态法

将单一的安全系数转化成多个（一般为 3 个）系数，分别用于考虑荷载、荷载组合和材料等的不定性影响，还在设计参数的取值上引入概率和统计数学的方法（半概率方法）。

该方法的主要特点是：用多系数取代单一系数，从而避免了单一系数笼统含混的缺点，因此在可靠度问题的处理上有质的变化；承载能力状态以塑性理论为基础；正常使用状态以弹性理论为基础。

（5）以概率理论为基础的极限状态设计法

设计准则：对于规定的极限状态，荷载引起的荷载效应（结构内力）大于抗力（结构承载力）的概率（失效概率）不应超过规定的限值。

主要特点：明确提出了结构的功能函数、极限状态方程及一套计算可靠度指标和推导分项系数的理论和方法；设计表达式仍沿用分项安全系数的形式，与以往的设计方法衔接，但其中的系数是根据规定的可靠度指标，经概率分析和优化确定的。

我国砌体结构设计规范的发展历程如图 2-6 所示。

➢《砖石结构设计规范》(GBJ 3—73)　半经验半概率法

➢《砌体结构设计规范》(GBJ 3—88)

➢《砌体结构设计规范》(GB 50003—2001)　以概率理论为基础
　　　　　　　　　　　　　　　　　　　的极限状态设计法
➢《砌体结构设计规范》(GB 50003—2011)

现行方法

图 2-6　我国的砌体结构设计规范

2.4　结构设计的基础概念

✳ 2.4.1　结构的安全等级

安全等级划分如图 2-7 所示。

| 一级 |——破坏后果很严重，重要的建筑物
| 二级 |——破坏后果严重，一般建筑物
| 三级 |——破坏后果不严重，次要建筑物

图 2-7　结构的安全等级

以上参见《规范》4.1.4 条

✳ 2.4.2　结构的设计使用年限

设计使用年限的概念如图 2-8 所示。

| 设计使用年限 |　≠　| 使用寿命 |
（结构或构件不需进行大修
即可按预定目的使用的时期）

结构　⟹　可靠性
　　超过设计使用年限

图 2-8　结构的设计使用年限

一般建筑结构的设计使用年限可为 50 年。

各类建筑的设计使用年限见表 2-1。

房屋建筑结构的设计使用年限 表 **2-1**

类别	年限（年）	说　明
1	5	临时性建筑结构
2	25	易于替换的结构构件
3	50	普通房屋和构筑物
4	100	标志性建筑和特别重要的建筑结构

2.5　结构的功能要求

结构功能要求如图 2-9 所示。

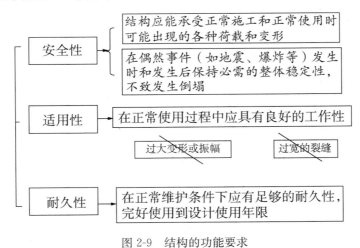

图 2-9　结构的功能要求

2.6　对应于安全性的设计

✳ 2.6.1　安全性的界限及其表达方程

安全性的界限如图 2-10 所示。

结构超过承载能力极限状态的情形如图 2-11 所示。

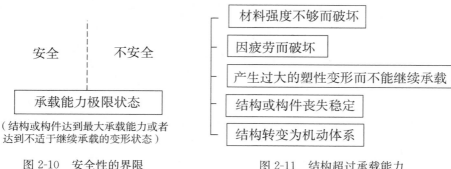

图 2-10　安全性的界限

图 2-11　结构超过承载能力
极限状态的情形

承载能力极限状态可用如下方程表示：

$$Z = R - S \qquad (2\text{-}1)$$

式中　S——表示某种荷载在结构内部产生的内力；

R——表示结构对应于这种内力所具备的抗力。

根据 S、R 的取值不同，Z 值可能出现三种情况，如图 2-12 所示。

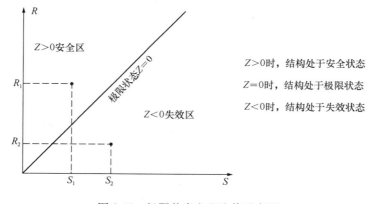

图 2-12　极限状态方程取值示意图

1. 内力的种类

内力的基本元素是集中力 F，F 的方向性与分类如图 2-13 所示。

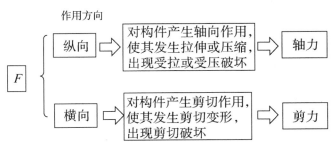

图 2-13　F 的方向性与分类

　　两个 F 方向相反，且有一定的距离，则产生力矩 M（图 2-14）。M 的方向性与分类如图 2-15 所示。

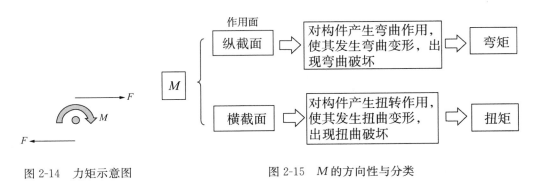

图 2-14　力矩示意图　　　　　　　　　图 2-15　M 的方向性与分类

　　结构上的内力种类如图 2-16 所示。

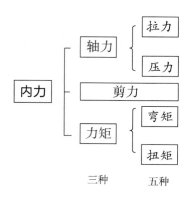

图 2-16　结构上的内力种类

说　明

结构上可能出现的内力可概括为三种：轴力（包括拉力和压力）、剪力、力矩（包括弯矩和扭矩）；或者五种：拉、压、弯、剪、扭。

2. 内力的大小

内力的大小如图 2-17 所示。

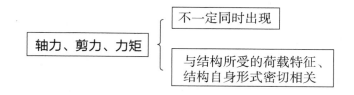

图 2-17　内力的大小

因此，要想得到内力值的大小，需要结合具体的结构形式和荷载特征来具体分析。详细情况将在后面进行说明。

✳ 2.6.2　理论分析

结构的安全概率如图 2-18 所示。

图 2-18　结构的安全概率

那么，如何计算失效概率 P_f?

（1）设内力 S 和抗力 R 都是服从正态分布的随机变量且二者为线性关系。S 和 R 的概率密度曲线如图 2-19 所示。

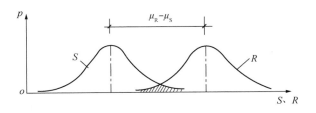

图 2-19　S 和 R 的概率密度曲线

S、R 的平均值分别为 μ_S、μ_R，标准差分别为 σ_S、σ_R。

（2）同前，令 $Z=R-S$，则 Z 也应该是服从正态分布的随机变量。

Z 的概率密度分布曲线及作用如图 2-20 所示。

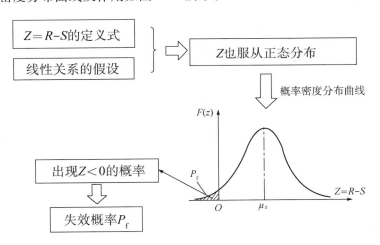

图 2-20　Z 的概率密度分布曲线及作用

失效概率的计算方法如图 2-21 所示。

图 2-21　失效概率的计算方法

下面对间接计算法进行介绍。为此再来分析一下图 2-20，如图 2-22 所示。

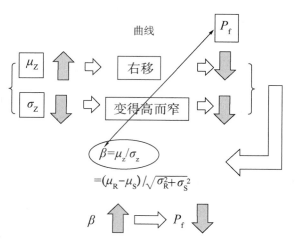

图 2-22　对失效概率的深入分析

说　明

图 2-20 中阴影部分的面积与 μ_Z 和 σ_Z 的大小有关，增大 μ_Z，曲线右移，阴影面积将减少；若减小 σ_Z，曲线变得高而窄，阴影面积也将减少。

如果将曲线对称轴至纵轴的距离表示成 σ_Z 的倍数，取

$$\mu_Z = \beta \cdot \sigma_Z \tag{2-2}$$

则

$$\beta = \mu_Z / \sigma_Z = (\mu_R - \mu_S) / \sqrt{\sigma_R^2 + \sigma_S^2} \tag{2-3}$$

β 与失效概率 P_f 是一一对应的，可以看出：β 大，则 P_f 小。

（3）可见，β 和失效概率一样可作为衡量结构可靠度的一个指标，称为"可靠指标"。

表 2-2 为几个常用的可靠指标值 β 和失效概率 P_f 之间的对应关系。

表 2-2

可靠指标 β 与失效概率 P_f 的对应关系

β	P_f	β	P_f	β	P_f
1.0	1.59×10^{-1}	2.7	3.47×10^{-3}	3.7	1.08×10^{-5}
1.5	6.68×10^{-2}	3.0	1.35×10^{-3}	4.0	3.17×10^{-5}
2.0	2.28×10^{-2}	3.2	6.87×10^{-4}	4.2	1.33×10^{-6}
2.5	6.21×10^{-3}	3.5	2.33×10^{-4}	4.5	3.40×10^{-6}

《建筑结构可靠度设计统一标准》根据结构的安全等级和破坏类型，规定了按承载能力极限状态设计时的目标可靠指标 $[\beta]$，见表 2-3。

结构构件承载能力极限状态的目标可靠指标 [β]　　　　　　　表 2-3

破坏类型	安全等级		
	一级	二级	三级
延性破坏	3.7	3.2	2.7
脆性破坏	4.2	3.7	3.2

注：1. 结构和结构构件的破坏类型分为延性破坏和脆性破坏两类。

　　2. 延性破坏有明显的预兆，可及时采取补救措施，所以目标可靠指标可定得稍低些。

　　3. 脆性破坏常常是突发性破坏，破坏前没有明显的预兆，所以目标可靠指标就应该定得高一些。

显然，设计时应使

$$\beta \geqslant [\beta] \tag{2-4}$$

> **注意**
>
> 对于一般常见的工程结构，采用可靠指标 β 进行设计时工作量仍然很大，而且有时会遇到统计资料不足而无法进行的困难。
>
> 为此，可进一步将其处理成过渡概念。

✳ 2.6.3　实用设计表达式

结构设计实用表达式的基本思想如图 2-23 所示。

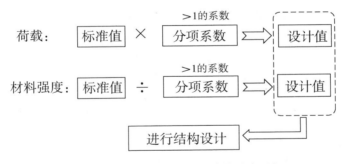

图 2-23　结构设计实用表达式的基本思想

说　明

（1）提出荷载设计值的概念，它是将荷载的标准值乘以一个大于 1 的系数（荷载分项系数）。

（2）提出材料强度设计值的概念，它是将材料强度除以一个大于 1 的系数（抗力分项系数）。

（3）以这两个设计值作为代表值来进行结构设计。

具体表达式如下：

将极限状态方程（2-1）变换一下形式，可得

$$\gamma_0 S \leqslant R \tag{2-5}$$

式中　γ_0——结构重要性系数，考虑结构安全等级或结构设计使用年限的差异。取值如下：

> 对安全等级为一级或设计使用年限为 100 年及以上的结构构件，不应小于 1.1；

> 对安全等级为二级或设计使用年限为 50 年的结构构件，不应小于 1.0；

> 对安全等级为三级或设计使用年限为 5 年及以下的结构构件，不应小于 0.9；

> 在抗震设计时，不考虑 γ_0；

S——表示某种荷载产生的内力效应。可由下式得到：

$$S = \gamma_s S_k = \gamma_G G_k + \gamma_Q Q_k \tag{2-6}$$

S_k——表示某种荷载取标准值作为代表值时所产生的内力；

γ_s——荷载分项系数；

γ_G——永久荷载分项系数；

γ_Q——可变荷载分项系数；

R——结构构件抗力设计值；

$$R = \frac{R_k}{\gamma_R} \tag{2-7}$$

R_k——按结构材料的强度标准值计算的结构对应于这种内力所具备的抗力；

γ_R——抗力分项系数；

按照目标可靠指标 $[\beta]$ 值，采用将其隐含在设计表达式中的原则，考虑工程经验后优选确定。所以，分项系数已起着考虑 $[\beta]$ 的等价作用。

具体取值如下：

1. 抗力分项系数 γ_R

对各砌体材料，γ_R 记为 γ_f。

> 一般情况下，宜按施工质量为 C 级考虑，取为 1.6；

> 当为 C 级时，取为 1.8；

> 当为 A 级时，取为 1.5。

2. 荷载分项系数 γ_G、γ_Q

取值则和荷载组合有关。与混凝土结构的设计一样，荷载组合分永久荷载效应控制的组合、可变荷载效应控制的组合。对应的具体形式及分项系数取值如下：

（1）永久荷载效应控制的组合

$$S = 1.35 S_{Gk} + 1.4 \sum_{i=1}^{n} \psi_{ci} S_{Qik} \tag{2-8}$$

式中　S_{Gk}——永久荷载标准值的效应；

S_{Qik}——第 i 个可变荷载标准值的效应；

ψ_{ci}——是第 i 个可变荷载的组合值系数，一般可取为 0.7。对书库、档案库、储藏室或通风机房、电梯机房应取 0.9。

（2）可变荷载效应控制的组合

$$S = 1.2S_{Gk} + 1.4S_{Q1k} + \sum_{i=2}^{n} \gamma_{Qi} \psi_{ci} S_{Qik} \tag{2-9}$$

式中　S_{Q1k}——在基本组合中起控制作用的一个可变荷载标准值的效应；

　　　γ_{Qi}——第 i 个可变荷载的分项系数，一般也为 1.4。

> 注意：
>
> 对楼面活荷载标准值大于 $4kN/m^2$ 的工业厂房，其楼面结构活荷载的分项系数 γ_Q 取为 1.3。
>
> 如何区分这两种组合？记可变荷载效应与永久荷载效应的比值为 ρ：
>
> ➤ 当 $\rho \leqslant 0.376$ 时，永久荷载起控制作用；
>
> ➤ 当 $\rho > 0.376$ 时，可变荷载起控制作用。

说　明

(1) 式（2-5）和式（2-8）结合起来，即等同于《规范》中的公式（4.1.5-2）。

(2) 式（2-5）和式（2-9）结合起来，即等同于《规范》中的公式（4.1.5-1）。

进一步分析如下：

以上的 S 代表某种荷载在结构内部产生的内力，显然是与结构的具体形式有关。因此要想获得更具体的表达式，需要结合具体问题进行具体分析。

✵ 2.6.4　两个特殊情况

1. 整体稳定性验算

当砌体结构作为一个整体，需要验算整体稳定性时，应按下列公式中最不利组合进行验算：

$$\gamma_0 \left(1.2S_{G2k} + 1.4S_{Q1k} + \sum_{i=2}^{n} S_{Qik} \right) \leqslant 0.8S_{G1k} \quad 《规范》式（4.1.6-1）$$

$$\gamma_0 \left(1.35S_{G2k} + 1.4 \sum_{i=1}^{n} \psi_{ci} S_{Qik} \right) \leqslant 0.8S_{G1k} \quad 《规范》式（4.1.6-2）$$

式中　S_{G1k}——起有利作用的永久荷载标准值的效应；

　　　S_{G2k}——起不利作用的永久荷载标准值的效应。

以上参见《规范》4.1.6 条

2. 摩擦问题计算

有时候需要考虑砌体与相邻面的摩擦问题。计算摩擦力时需要用"摩擦系数"。对不同类型的材料，"摩擦系数"可直接查《规范》表 3.2.5-3。

《规范》表 3.2.5-3　摩擦系数取值表

材料类别	摩擦面情况	
	干燥	潮湿
砌体沿砌体或混凝土滑动	0.70	0.60
砌体沿木材滑动	0.60	0.50
砌体沿钢滑动	0.45	0.35
砌体沿砂或卵石滑动	0.60	0.50
砌体沿粉土滑动	0.55	0.40
砌体沿黏性土滑动	0.50	0.30

2.7　对应于适用性的设计

主要考虑变形和裂缝两方面。

✳ 2.7.1　砌体的变形性能

砌体的典型应力-应变关系为一条对数关系曲线，可用下式表示：

$$\varepsilon = -\frac{1}{\xi}\ln\left(1 - \frac{\sigma}{f_{\mathrm{m}}}\right) \tag{2-10}$$

式中　f_{m}——砌体抗压强度平均值，后面详细介绍；

　　　ξ——弹性特征值。

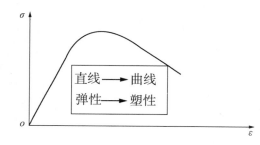

图 2-24　砌体的典型应力-应变关系曲线

曲线形状如图 2-24 所示。

从直线到曲线段，对应于从弹性到塑性段。

1. 砌体弹性模量

从图 2-24 上看，弹性模量有可能用三种模量来描述：

➤ 初始弹性模量 E_0：应力-应变曲线原点处切线的正切。

➤ 割线模量：原点与应力-应变曲线任一点连线的正切。

➤ 切线模量：应力-应变曲线上某一点处切线的正切。

到底选哪一种？

参照混凝土弹性模量的确定方法，《规范》规定：砌体的弹性模量可取应力-应变曲线上对应应力值为 $0.43f_{\mathrm{m}}$ 处的割线模量。

$$E = \frac{\sigma}{\varepsilon} = \frac{0.43 f_{\mathrm{m}}}{-\dfrac{1}{\xi}\ln(1 - 0.43)} = 0.765\xi f_{\mathrm{m}} \tag{2-11}$$

ξ 主要与砂浆的强度等级有关，不容易测定。

为了简单起见，《规范》中直接以表格形式给出了各类砌体的弹性模量，见《规范》表 3.2.5-1。

《规范》表 3.2.5-1　砌体的弹性模量

砌体种类	砂浆强度等级			
	≥M10	M7.5	M5	M2.5
烧结普通砖、烧结多孔砖砌体	1600f	1600f	1600f	1390f
混凝土普通砖、混凝土多孔砖砌体	1600f	1600f	1600f	—
蒸压灰砂普通砖、蒸压粉煤灰普通砖砌体	1060f	1060f	1060f	—
非灌孔混凝土砌块砌体	1700f	1600f	1500f	—
粗料石、毛料石、毛石砌体	—	5650	4000	2250
细料石砌体	—	17000	12000	6750

注：1. 轻集料混凝土砌块砌体的弹性模量，可按表中混凝土砌块砌体的弹性模量采用；

2. 表中砌体抗压强度设计值不按《规范》3.2.3条进行调整；

3. 表中砂浆为普通砂浆，采用专用砂浆砌筑的砌体的弹性模量也按此表取值；

4. 对混凝土普通砖、混凝土多孔砖、混凝土和轻集料混凝土砌块砌体，表中的砂浆强度等级分别为：≥Mb10、Mb7.5 和 Mb5；

5. 对蒸压灰砂普通砖和蒸压粉煤灰普通砖砌体，当采用专用砂浆进行砌筑时，其强度设计值按表中数值采用。

2. 砌体的剪变（剪切变形）模量

$$G = \frac{E}{2(1+\nu)} \tag{2-12}$$

主要用于计算墙体在水平荷载下的剪切变形，以及对墙体进行剪力分配。

为简单起见，对各类砌体，一般可取 $G=0.4E$。

以上参见《规范》3.2.5 条

3. 砌体的线膨胀系数

温度变化会引起热胀冷缩，受到约束时会产生附加应力、变形、裂缝，需要进行计算。

胀缩效应可用线膨胀系数衡量，数值直接查《规范》表 3.2.5-2。

4. 砌体的干缩变形

砌体干燥后会收缩，引发裂缝。

干缩变形的效应用"收缩率"来衡量，数值可直接查《规范》表 3.2.5-2。

《规范》表 3.2.5-2　砌体的线膨胀系数和收缩率

砌体墙体类别	线膨胀系数 ($10^{-6}/℃$)	收缩率 (mm/m)
烧结普通砖、烧结多孔砖砌体	5	−0.1
蒸压灰砂普通砖、蒸压粉煤灰普通砖砌体	8	−0.2
混凝土普通砖、混凝土多孔砖、混凝土砌块砌体	10	−0.2
轻集料混凝土砌块砌体	10	−0.3
料石和毛石砌体	8	—

✳ 2.7.2 砌体的裂缝问题

导致砌体开裂（图 2-25，图 2-26）的主要原因如图 2-27 所示。

图 2-25 某楼的砌体墙裂缝

图 2-26 济南东部某砌体墙的裂缝

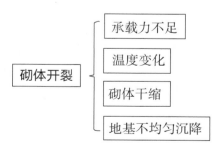

图 2-27 导致砌体开裂的主要原因

图 2-28　伸缩缝

防止砌体开裂的主要措施有：

1. 防止或减轻因温差和砌体干缩引起的墙体竖向裂缝——设置伸缩缝

伸缩缝（图 2-28）的间距可按《规范》表 6.5.1 的规定采用。

《规范》表 6.5.1　砌体房屋温度伸缩缝间距

屋盖或楼盖类别		间距（m）
整体式或装配整体式钢筋混凝土结构	有保温层或隔热层的屋盖、楼盖	50
	无保温层或隔热层的屋盖	40
装配式无檩体系钢筋混凝土结构	有保温层或隔热层的屋盖、楼盖	60
	无保温层或隔热层的屋盖	50
装配式有檩体系钢筋混凝土结构	有保温层或隔热层的屋盖	75
	无保温层或隔热层的屋盖	60
瓦材屋盖、木屋盖或楼盖、轻钢屋盖		100

注：1. 对烧结普通砖、多孔砖、配筋砌块砌体房屋取表中数值；对石砌体、蒸压灰砂砖、蒸压粉煤灰砖和混凝土
　　砌块房屋取表中数值乘以 0.8 的系数，当有实践经验和可靠根据时，可不遵守本表的规定。

　　2. 在钢筋混凝土屋面上挂瓦的屋盖应按钢筋混凝土屋盖采用。

　　3. 层高大于 5m 的烧结普通砖、烧结多孔砖、配筋砌块砌体结构单层房屋，其伸缩缝间距可按表中数值乘
　　以 1.3。

　　4. 温差较大且变化频繁地区和严寒地区不采暖的房屋级构筑物墙体伸缩缝的最大间距，应按表中数值予以适
　　当减小。

　　5. 墙体的伸缩缝应与结构的其他变形缝相重合，缝宽度应满足各种变形缝的变形要求；在进行立面处理时，
　　必须保证缝隙的伸缩作用。

2. 防止或减轻房屋顶层墙体裂缝的措施

防止或减轻房屋顶层墙体裂缝的措施如图 2-29 所示。

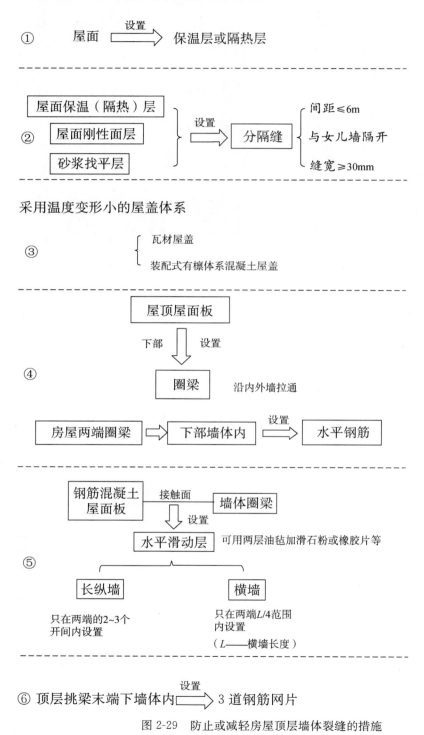

图 2-29 防止或减轻房屋顶层墙体裂缝的措施

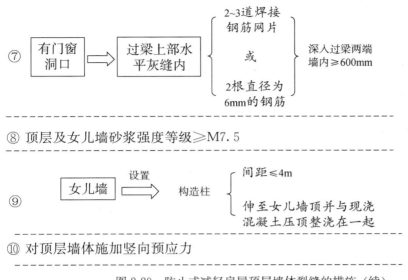

⑦ 有门窗洞口 ⟹ 过梁上部水平灰缝内 { 2~3道焊接钢筋网片 或 2根直径为6mm的钢筋 } 深入过梁两端墙内≥600mm

⑧ 顶层及女儿墙砂浆强度等级≥M7.5

⑨ 女儿墙 —设置→ 构造柱 { 间距≤4m 伸至女儿墙顶并与现浇混凝土压顶整浇在一起 }

⑩ 对顶层墙体施加竖向预应力

图 2-29　防止或减轻房屋顶层墙体裂缝的措施（续）

以上参见《规范》6.5.2条

3. 防止或减轻底层墙体裂缝的措施

防止或减轻底层墙体裂缝（图 2-30）的措施如图 2-31 所示。

图 2-30　某底层窗台下墙体的裂缝

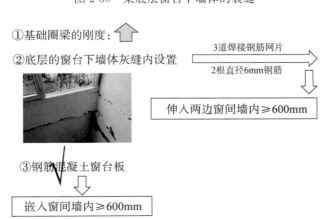

①基础圈梁的刚度：

②底层的窗台下墙体灰缝内设置　　3道焊接钢筋网片　　2根直径6mm钢筋　　伸入两边窗间墙内≥600mm

③钢筋混凝土窗台板　　嵌入窗间墙内≥600mm

图 2-31　防止或减轻底层墙体裂缝的措施

① 增加基础圈梁的刚度。

② 在底层的窗台下墙体灰缝内设置 3 道焊接钢筋网片或 2 根直径 6mm 钢筋，并伸入两边窗间墙内不小于 600mm。

③ 采用钢筋混凝土窗台板，窗台板嵌入窗间墙内不小于 600mm。

以上参见《规范》6.5.3 条

4. 其他措施

如图 2-32～图 2-35 所示。

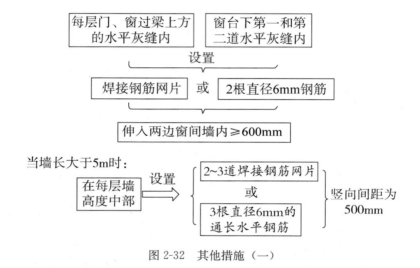

图 2-32　其他措施（一）

门、窗过梁上方的水平灰缝内及窗台下第一和第二道水平灰缝内，宜设置焊接钢筋网片或 2 根直径 6mm 钢筋，焊接钢筋网片或钢筋应伸入两边窗间墙内不小于 600mm。当墙长大于 5m 时，宜在每层墙高度中部设置 2～3 道焊接钢筋网片或 3 根直径 6mm 的通长水平钢筋，竖向间距为 500mm。

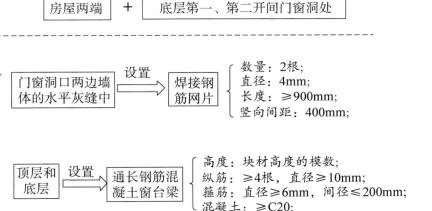

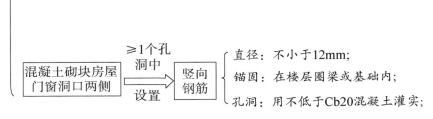

图 2-33　其他措施（二）

说　明

房屋两端和底层第一、第二开间门窗洞处，可采取下列措施：

（1）在门窗洞口两边墙体的水平灰缝中，设置长度不小于 900mm、竖向间距为 400mm 的 2 根直径 4mm 的焊接钢筋网片。

（2）在顶层和底层设置通长钢筋混凝土窗台梁，窗台梁高宜为块材高度的模数，梁内纵筋不少于 4 根，直径不小于 10mm，箍筋直径不小于 6mm，间距不大于 200mm，混凝土强度等级不低于 C20。

（3）在混凝土砌块房屋门窗洞口两侧不少于一个孔洞中设置直径不小于 12mm 的竖向钢筋，竖向钢筋应在楼层圈梁或基础内锚固，孔洞用不低于 Cb20 混凝土灌实。

Cb20 指的是强度等级为 20 的灌孔混凝土。所谓灌孔混凝土，是由胶凝材料、骨料、水、掺合料、外加剂按一定比例拌合而成的细石混凝土。具有微膨胀性、高流动性、低收缩性。

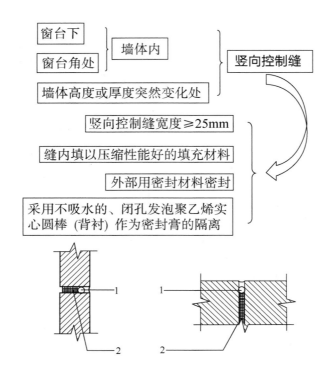

图 2-34　其他措施（三）——控制缝构造（即《规范》图 6.5.7）
1—不吸水的、闭孔发泡聚乙烯实心圆棒；2—柔软、可压缩的填充物

说　明

　　房屋刚度较大时，可在窗台下或窗台角处墙体内、在墙体高度或厚度突然变化处设置竖向控制缝。竖向控制缝宽度不宜小于 25mm，缝内填以压缩性能好的填充材料，且外部用密封材料密封，并采用不吸水的、闭孔发泡聚乙烯实心圆棒（背衬）作为密封膏的隔离。

图 2-35　其他措施（四）

说　明

夹心复合墙的外叶墙宜在建筑墙体适当部位设置控制缝，其间距控制在 6～8m。

以上参见《规范》6.5.4 条～6.5.8 条

2.8　对应于耐久性的设计

其设计依据如图 2-36 所示。

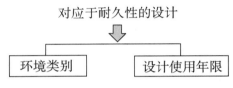

图 2-36　对应于耐久性的设计

说　明

砌体结构的耐久性应根据环境类别和设计使用年限来进行设计。

✳ 2.8.1　砌体结构的环境类别

不同的砌体结构所处的环境可划分为多个类别，如《规范》表 4.3.1 所示。

《规范》表 4.3.1　砌体结构的环境类别

环境类别	条件
1	正常居住及办公建筑的内部干燥环境
2	潮湿的室内或室外环境，包括与无侵蚀性土和水接触的环境
3	严寒和使用化冰盐的潮湿环境（室内或室外）
4	与海水直接接触的环境，或处于滨海地区的盐饱和的气体环境
5	有化学侵蚀的气体、液体或固态形式的环境，包括有侵蚀性土壤的环境

✳ 2.8.2　对材料强度的要求

1. 砌体材料的强度要求

（1）对于一般的设计使用年限为 50 年的砌体结构，材料强度应符合《规范》表 4.3.5 的最低规定要求。

《规范》表 4.3.5 地面以下或防潮层以下的砌体、潮湿房间墙所有材料的最低强度等级

基土的潮湿程度	烧结普通砖、蒸压灰砂砖		混凝土砌块	石材	水泥砂浆
	严寒地区	一般地区			
稍潮湿的	MU10	MU10	MU7.5	MU30	M5
很潮湿的	MU15	MU10	MU7.5	MU30	M7.5
含水饱和的	MU20	MU15	MU10	MU40	MU10

（2）处于环境类别 3～5 等有侵蚀性介质的砌体材料，对其耐久性要求如图 2-37 所示。

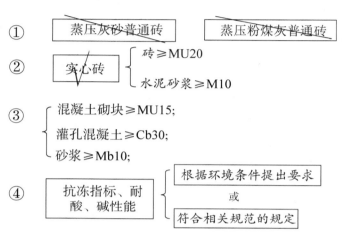

图 2-37 处于环境类别 3～5 等有侵蚀性介质的砌体材料的耐久性要求

说　明

① 不应采用蒸压灰砂普通砖、蒸压粉煤灰普通砖。

② 应采用实心砖，砖的强度等级不应低于 MU20，水泥砂浆的强度等级不应低于 M10。

③ 混凝土砌块的强度等级不应低于 MU15，灌孔混凝土的强度等级不应低于 Cb30，砂浆的强度等级不应低于 Mb10。

④ 应根据环境条件对砌体材料的抗冻指标、耐酸、碱性能提出要求，或符合相关规范的规定。

以上参见《规范》4.3.5 条第 2 款

2. 砌体中钢筋的材料要求

对于一般的设计使用年限为 50 年的砌体结构，内部钢筋的耐久性选择应符合《规范》表 4.3.2 的规定。

《规范》表4.3.2　砌体中钢筋耐久性选择

环境类别	钢筋种类和最低保护要求	
	位于砂浆中的钢筋	位于灌孔混凝土中的钢筋
1	普通钢筋	普通钢筋
2	重镀锌或有等效保护的钢筋	当采用混凝土灌孔时，可为普通钢筋；当采用砂浆灌孔时，应为重镀锌或有等效保护的钢筋
3	不锈钢或有等效保护的钢筋	重镀锌或有等效保护的钢筋
4、5	不锈钢或有等效保护的钢筋	不锈钢或有等效保护的钢筋

✳ 2.8.3　对钢筋保护层厚度的要求

设计使用年限为50年时，砌体中钢筋的保护层厚度应符合下列规定：

（1）配筋砌体中钢筋的最小混凝土保护层厚度应符合《规范》表4.3.3的规定。

《规范》表4.3.3　钢筋的最小保护层厚度

环境类别	混凝土强度等级			
	C20	C25	C30	C35
	最低水泥含量（kg/m³）			
	260	280	300	320
1	20	20	20	20
2	—	25	25	25
3	—	40	40	30
4	—	—	40	40
5	—	—	—	40

（2）灰缝中钢筋（图2-38）外露砂浆保护层的厚度≥15mm。

图2-38　灰缝中的钢筋（随后要弯起，外抹砂浆）

（3）所有钢筋端部均应有与对应钢筋的环境类别条件相同的保护层厚度。

（4）对填实的夹心墙或特别的墙体构造，钢筋的最小保护层厚度应符合图 2-39 所示的要求。

①用于环境类别1时

max【20mm厚砂浆或灌孔混凝土，钢筋直径】

②用于环境类别2时

max【20mm厚灌孔混凝土，钢筋直径】

③采用重镀锌钢筋时

max【20mm厚砂浆或灌孔混凝土，钢筋直径】

④采用不锈钢筋时

取钢筋的直径

图 2-39　对填实的夹心墙或特别的墙体构造，钢筋的最小保护层厚度要求

说　明

① 用于环境类别 1 时，应取 20mm 厚砂浆或灌孔混凝土与钢筋直径较大者；
② 用于环境类别 2 时，应取 20mm 厚灌孔混凝土与钢筋直径较大者；
③ 采用重镀锌钢筋时，应取 20mm 厚砂浆或灌孔混凝土与钢筋直径较大者；
④ 采用不锈钢筋时，应取钢筋的直径。

以上参见《规范》4.3.3条

第3章 砌体的强度设计值

3.1 砌体强度设计值的计算方法

砌体强度设计值的基本计算公式：

$$f = \frac{f_k}{\gamma_f} \tag{3-1}$$

式中 f——砌体的各强度设计值；

f_k——砌体的各强度标准值；

γ_f——砌体结构的材料分项系数，取 1.6。

可见，要确定设计值，需要先确定出标准值。

✳ 3.1.1 砌体的抗压强度标准值

砌体抗压强度标准值是表示其抗压强度的基本代表值，由概率分布的 0.05 分位数（保证率为 95%）确定。即

$$f_k = f_m(1 - 1.645\delta_f) \tag{3-2}$$

式中 f_m——砌体抗压强度的平均值；

δ_f——砌体抗压强度的变异系数，可取为 0.17（对毛石砌体取 0.24）。

✳ 3.1.2 砌体的轴心抗拉、弯曲抗拉及抗剪强度标准值

标准值同样由概率分布的 0.05 分位数（保证率为 95%）确定。即

$$f_k = f_m(1 - 1.645\delta_f) \tag{3-3}$$

式中 f_m——砌体抗拉、弯、剪强度的平均值；

δ_f——变异系数，可取为 0.20（对毛石砌体取 0.26）。

强度平均值、标准值、设计值的关系如图 3-1 所示。

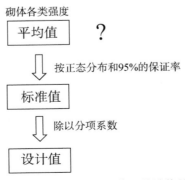

图 3-1 强度平均值、标准值、设计值的关系

3.2　砌体强度平均值

✳ 3.2.1　砌体的抗压强度平均值

1. 砌体的受压破坏特征

为了得到结果，需要进行试验研究。

（1）普通砖砌体

普通砖砌体的受压破坏过程如图 3-2 所示。

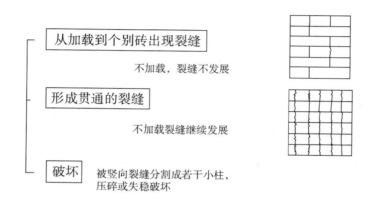

图 3-2　普通砖砌体的受压破坏过程

试验发现，砌体的抗压强度比块体的抗压强度低，原因如图 3-3 所示。

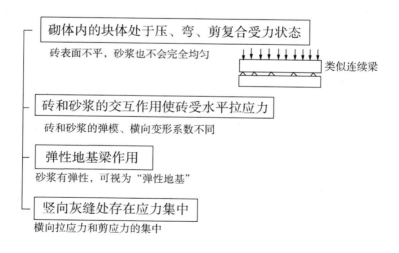

图 3-3　砌体的抗压强度低于块体的原因

（2）多孔砖砌体

多孔砖砌体（烧结和混凝土多孔砖砌体）的轴心受压特征如图 3-4 所示。

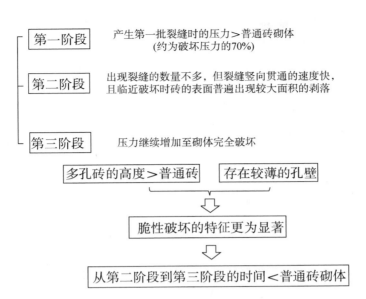

图 3-4　多孔砖砌体（烧结和混凝土多孔砖砌体）的轴心受压特征

（3）混凝土小型空心砌块砌体

其轴心受压特征如图 3-5 所示。

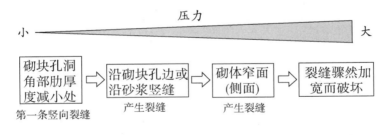

图 3-5　混凝土小型空心砌块砌体的轴心受压特征

说　明

　　第一条竖向裂缝常在砌体宽面上沿砌块孔边产生，即在砌块孔洞角部肋厚度减小处；随着压力的增加，沿砌块孔边或沿砂浆竖缝产生裂缝，并在砌体窄面（侧面）上产生裂缝，最终往往因为这里的裂缝骤然加宽而破坏。

　　砌块砌体破坏时，裂缝数量远小于普通砖砌体破坏时的裂缝数量。

（4）毛石砌体

毛石砌体轴心受压特征如图 3-6 所示。

```
┌─────────────┐   ┌─────────────┐   ┌──────────────────────┐
│ 毛石和灰缝   │ ⇒ │ 砌体应力状   │ ⇒ │ 产生第一批裂缝时的压力 │
│ 形状不规则   │   │ 态更为复杂   │   │ 与破坏压力的比值(0.3) │
└─────────────┘   └─────────────┘   │    ＜普通砖砌体       │
                                    └──────────────────────┘

┌─────────────────────────────────┐
│ 砌体内裂缝分布的规律性＜普通砖砌体 │
└─────────────────────────────────┘
```

图 3-6　毛石砌体的轴心受压特征

说　明

受压时，由于毛石和灰缝形状不规则，砌体的匀质性较差，砌体的复杂应力状态更为不利，因而产生第一批裂缝时的压力与破坏压力的比值约为 0.3，小于普通砖砌体的比值。毛石砌体内裂缝的分布不如普通砖砌体那样有规律。

2. 影响砌体抗压强度的主要因素

（1）块体和砂浆的强度等级

这是影响砌体抗压强度最主要的因素。

（2）砂浆的流动性、保水性和弹性模量

砂浆流动性、保水性和弹性模量对砌体抗压强度的影响如图 3-7 所示。

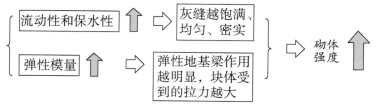

同时可知：同样强度等级时，抗压强度：

┌──────────────────┐   ┌──────────────────┐
│ 混合砂浆砌筑砌体 │   ＞   │ 水泥砂浆砌筑砌体 │
└──────────────────┘   └──────────────────┘

图 3-7　砂浆流动性、保水性和弹性模量对砌体抗压强度的影响

说　明

① 流动性和保水性越好，砌体的强度越高（灰缝越饱满、均匀、密实）。

②弹性模量越低，砌体的抗压强度越低。原因是砌体内的块体受到的拉力越大（弹性地基梁）。

（3）块材尺寸和形状

块材尺寸和形状对砌体抗压强度的影响如图 3-8 所示。

图 3-8　块材尺寸和形状对砌体抗压强度的影响

说　明

砌体强度随块材高度增加而增加、随长度增加而降低。块材的外形越规则、砌体强度相对越高。

（4）砌体工程施工质量

施工质量对砌体抗压强度的影响如图 3-9 所示。

①灰缝砂浆饱满度 ⇒ 水平灰缝砂浆饱满度 ＞80%

②

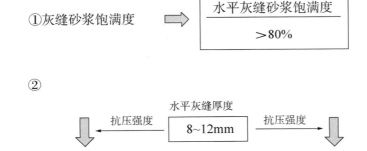

③砌筑时块体含水率的影响：

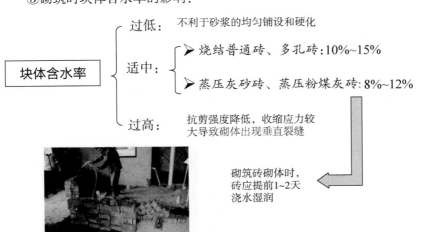

图 3-9　砌体工程施工质量对砌体抗压强度的影响

图 3-10 某刚浇过水的砖

说　明

① 灰缝砂浆饱满度：砌体结构施工及验收规范中，要求水平灰缝砂浆饱满度大于 80%。

② 灰缝厚度：抗压强度将随着灰缝厚度的加大而降低。

砂浆厚度太薄，砌体的抗压强度也将降低。通常要求砖砌体的水平灰缝厚度为 8～12mm。

③ 砌筑时块体含水率的影响：过低——不利于砂浆的均匀铺设和硬化；过高——抗剪强度降低，收缩应力较大导致砌体出现垂直裂缝。

《砌体结构工程施工质量验收规范》规定：砌筑砖砌体时，砖应提前 1～2 天浇水湿润（图 3-10），烧结普通砖、多孔砖含水率宜为 10%～15%。蒸压灰砂砖、蒸压粉煤灰砖含水率宜为 8%～12%。

此外，应采用正确的组砌方法，上下错缝、内外搭砌。对砌体组砌方法的要求如图 3-11 所示。应用实例如图 3-12～图 3-14 所示。

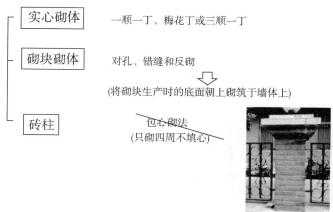

实心砌体　　　一顺一丁、梅花丁或三顺一丁

砌块砌体　　　对孔、错缝和反砌
⇩
（将砌块生产时的底面朝上砌筑于墙体上）

砖柱　　　包心砌法
（只砌四周不填心）

图 3-11　对砌体组砌方法的要求

图 3-12　济南齐鲁医院某建筑（一顺一丁）

图 3-13　山东济南某处的砖柱

图 3-14　威海某处的砖柱

应采用正确的组砌方法，上、下错缝，内外搭砌。

对实心砌体宜采用一顺一丁、梅花丁或三顺一丁的砌筑方式。

对砌块砌体应对孔、错缝和反砌（将砌块生产时的底面朝上砌筑于墙体上，有利于铺砌砂浆和保证水平灰缝砂浆的饱满度）。

砖柱不得用包心砌法。

施工质量控制等级对砌体抗压强度的影响：

由于砌体施工受人为因素的制约和影响大，因而需要按砌体质量控制和质量保证要素（现场质量管理能力、砌筑砂浆和混凝土的生产水平、砌筑工人的技术熟练程度）对施工技术水平进行分级，这种分级称为砌体施工质量控制等级。

我国砌体工程施工质量控制等级分为 A、B、C 三级，详见《施工规范》表 3.0.15（本书第 10.1 节）。

（5）其他因素

包括试验方法、块体的搭砌方式、砂浆和块体的粘结力、竖向灰缝的饱满程度及构造方式等。

3. 抗压强度平均值计算公式

根据大量的试验数据，经回归分析，砌体抗压强度的平均值可按下式计算：

$$f_{\mathrm{m}} = k_1 f_1^{\alpha}(1 + 0.07 f_2) k_2 \tag{3-4}$$

式中　f_{m}——砌体抗压强度平均值（MPa）；

f_1、f_2——分别为块体和砂浆的抗压强度平均值（MPa）；

k_1——与块体类别和砌体砌筑方法有关的参数（可查《规范》表 B.0.1-1）；

k_2——砂浆强度影响的修正系数（可查《规范》表 B.0.1-1），在表列条件之外的取 1.0；

α——与块体高度有关的参数（可查《规范》表 B.0.1-1）。

《规范》表 B.0.1-1　各类砌体轴心抗压强度平均值

砌体种类	$f_{\mathrm{m}} = k_1 f_1^{\alpha}(1 + 0.07 f_2) k_2$		
	k_1	a	k_2
烧结普通砖、烧结多孔砖、蒸压灰砂砖、蒸压粉煤灰砖砌体	0.78	0.5	当 $f_2 < 1\mathrm{MPa}$ 时，$k_2 = 0.6 + 0.4 f_2$
混凝土砌块砌体	0.46	0.9	当 $f_2 = 0$ 时，$k_2 = 0.8$
毛料石砌体	0.79	0.5	当 $f_2 < 1\mathrm{MPa}$ 时，$k_2 = 0.6 + 0.4 f_2$
毛石砌体	0.22	0.5	当 $f_2 < 2.5\mathrm{MPa}$ 时，$k_2 = 0.4 + 0.24 f_2$

注：1. k_2 在表列条件以外时均等于 1。

2. 式中 f_1 为块体（砖、石、砌块）的强度等级值；f_2 为砂浆抗压强度平均值。单位均为 MPa。

3. 混凝土砌块砌体的轴心抗压强度平均值，当 $f_2 > 10\mathrm{MPa}$ 时，应乘系数 $1.1 - 0.01 f_2$，MU20 的砌体应乘系数 0.95，且满足 $f_1 \geqslant f_2$，$f_1 \leqslant 20\mathrm{MPa}$（根据近年来对砌块建筑进行试验和分析的结果）。

小　结

一张图看懂研究套路（图 3-15）。

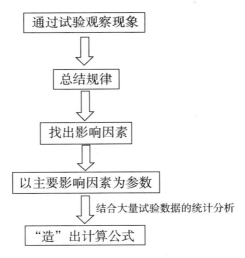

图 3-15　对砌体抗压强度的研究套路

✳ 3.2.2　砌体的抗拉强度平均值

砌体轴心受拉破坏形式如图 3-16 所示。

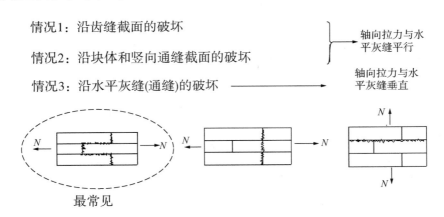

图 3-16　砌体轴心受拉破坏形式

确定砌体的轴心抗拉强度平均值时，一般只考虑沿齿缝截面破坏的情况（情况 1）。

根据统计分析，砌体沿齿缝截面破坏的抗拉强度平均值可按下式计算：

$$f_{\mathrm{t,m}} = k_3 \sqrt{f_2} \tag{3-5}$$

式中　$f_{\mathrm{t,m}}$——砌体沿齿缝截面破坏的抗拉强度平均值；

$\quad\quad f_2$——砂浆抗压强度平均值；

$\quad\quad k_3$——影响系数（《规范》表 B.0.1-2 第一部分）。

砌体种类	$f_{t,m} = k_3 \sqrt{f_2}$
	k_3
烧结普通砖、烧结多孔砖砌体	0.141
蒸压灰砂砖、蒸压粉煤灰砖砌体	0.090
混凝土砌块砌体	0.069
毛石砌体	0.075

✳ 3.2.3　砌体的抗弯强度平均值

砌体的受弯破坏形式及处理措施如图 3-17 所示。

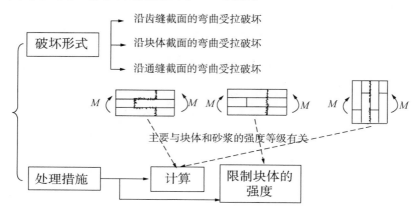

图 3-17　砌体受弯破坏形式

三种破坏形式的出现主要与块体和砂浆的强度等级有关。

在确定砌体的抗弯强度平均值时，考虑了以上第 1 种和第 3 种情况（沿齿缝截面破坏和沿通缝截面破坏）：

$$f_{tm,m} = k_4 \sqrt{f_2} \tag{3-6}$$

式中　k_4——系数，可查《规范》表 B.0.1-2 第二部分；

　　　f_2——砂浆抗压强度平均值。

对第 2 种情况，可通过限制块体的强度来避免。

《规范》表 B.0.1-2 第二部分　砌体弯曲抗拉强度平均值

砌体种类	$f_{tm,m} = k_4 \sqrt{f_2}$	
	k_4	
	沿齿缝	沿通缝
烧结普通砖、烧结多孔砖砌体	0.250	0.125
蒸压灰砂砖、蒸压粉煤灰砖砌体	0.180	0.090
混凝土砌块砌体	0.081	0.056
毛石砌体	0.113	—

✳ **3.2.4 砌体的抗剪强度平均值**

砌体的受剪情况如图 3-18 所示。

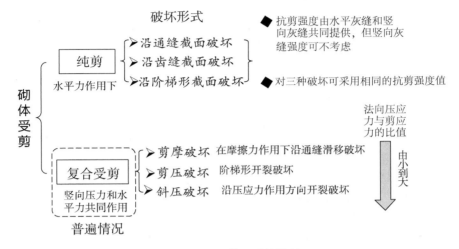

图 3-18 砌体的受剪情况

说 明

（1）在水平力作用下的纯剪：受剪面上只有剪力。

纯剪作用下的破坏形式有：①沿通缝截面破坏；②沿齿缝截面破坏；③沿阶梯形截面破坏。此时，砌体的抗剪强度由水平灰缝和竖向灰缝共同提供，但竖向灰缝强度可不考虑。对三种破坏可采用相同的抗剪强度值。

（2）竖向压力和水平力共同作用：这种情况更普遍。

此时通缝截面上有法向压应力与剪应力，根据二者的比值不同，砌体有三种可能的剪切破坏状态：①剪摩破坏：在摩擦力作用下沿通缝滑移破坏；②剪压破坏：阶梯形开裂破坏；③斜压破坏：沿压应力作用方向开裂破坏。

影响砌体抗剪强度的主要因素如图 3-19 所示。

（1）块体和砂浆的强度

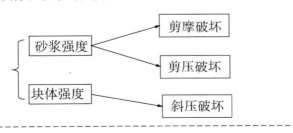

图 3-19 影响砌体抗剪强度的主要因素

（2）受剪面上的垂直压应力σ_y

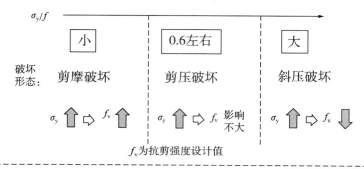

（3）砌筑质量

- ➤ 灰缝饱满度
- ➤ 块体含水率
- ➤ 施工质量控制等级

（4）试验方法

与试件的形式、尺寸以及加载方式有关；
我国采用的标准试验方法见《砌体基本力学性能试验方法标准》
GB/T 50129—2011

图 3-19　影响砌体抗剪强度的主要因素（续）

说　明

经过大量试验发现，影响砌体抗剪强度的主要因素有：

① 块体和砂浆的强度。前两种破坏形式主要受砂浆强度影响，后一种破坏形式主要受块体强度影响。

② 受剪面上的垂直压应力σ_y影响破坏形态、抗剪强度f_v。

当σ_y / f_v较小时，破坏形态为剪摩破坏。此时水平灰缝中的砂浆会产生较大的剪切变形，而垂直压应力产生的摩擦力可以阻止或减小剪切面的水平滑移，因而随着σ_y的增大，砌体抗剪强度提高。

当σ_y / f_v为0.6左右时，砌体斜截面上将因抗主拉应力的强度不足而发生剪压破坏，此时σ_y的增大对砌体抗剪强度影响不大；

当σ_y / f_v更大时，破坏形态为斜压破坏，随σ_y的增大，砌体抗剪强度迅速降低直至为零。

③ 砌筑质量。主要与灰缝饱满度、块体在砌筑时的含水率、施工质量控制等级有关。

④ 试验方法。与试件的形式、尺寸以及加载方式有关；我国采用的标准试验方法见《砌体基本力学性能试验方法标准》GB/T 50129—2011。

以这些主要影响因素为参数，结合大量试验数据的统计分析，可给出以下统一计算公式（主要考虑水平灰缝中砂浆和块体的粘结强度）：

$$f_{v,m} = k_5 \sqrt{f_2} \tag{3-7}$$

式中　k_5——影响系数，可查《规范》表 B.0.1-2 第三部分；

　　　f_2——砂浆抗压强度平均值。

《规范》表 B.0.1-2 第三部分　砌体抗剪强度平均值 $f_{v,m}$

砌体种类	$f_{v,m} = k_5 \sqrt{f_2}$
	k_5
烧结普通砖、烧结多孔砖砌体	0.125
蒸压灰砂砖、蒸压粉煤灰砖砌体	0.09
混凝土砌块砌体	0.069
毛石砌体	0.188

3.3　砌体强度设计值结果

各类砌体（龄期 28d、以毛截面计算）的抗压强度设计值见《规范》表 3.2.1-1～表 3.2.1-7（施工质量为 B 级时）。

《规范》表 3.2.1-1　烧结普通砖和烧结多孔砖砌体的抗压强度设计值（MPa）

砖强度等级	砂浆强度等级					砂浆强度
	M15	M10	M7.5	M5	M2.5	0
MU30	3.94	3.27	2.93	2.59	2.26	1.15
MU25	3.60	2.98	2.68	2.37	2.06	1.05
MU20	3.22	2.67	2.39	2.12	1.84	0.94
MU15	2.79	2.31	2.07	1.83	1.60	0.82
MU10	—	1.89	1.69	1.50	1.30	0.67

《规范》表 3.2.1-2　混凝土普通砖和混凝土多孔砖砌体的抗压强度设计值（MPa）

砖强度等级	砂浆强度等级					砂浆强度
	Mb20	Mb15	Mb10	Mb7.5	Mb5	0
MU30	4.61	3.94	3.27	2.93	2.59	1.15
MU25	4.21	3.60	2.98	2.68	2.37	1.05
MU20	3.77	3.22	2.67	2.39	2.12	0.94
MU15	—	2.79	2.31	2.07	1.83	0.82

《规范》表 3.2.1-3　蒸压灰砂砖和蒸压粉煤灰砖砌体的抗压强度设计值（MPa）

砖强度等级	砂浆强度等级				砂浆强度
	M15	M10	M7.5	M5	0
MU25	3.60	2.98	2.68	2.37	1.05
MU20	3.22	2.67	2.39	2.12	0.94
MU15	2.79	2.31	2.07	1.83	0.82

《规范》表 3.2.1-4　单排孔混凝土和轻骨料混凝土砌块砌体的抗压强度设计值（MPa）

砖砌块强度等级	砂浆强度等级					砂浆强度
	Mb20	Mb15	Mb10	Mb7.5	Mb5	0
MU20	6.30	5.68	4.95	4.44	3.94	2.33
MU15	—	4.61	4.02	3.61	3.20	1.89
MU10	—	—	2.97	2.50	2.22	1.31
MU7.5	—	—	—	1.93	1.71	1.01
MU5	—	—	—	—	1.19	0.70

注：1. 对独立柱或双排组砌的砌块砌体，应按表中数值乘以 0.7；

2. 对 T 形截面墙体、柱，应按表中数值乘以 0.85。

《规范》表 3.2.1-5　双排孔或多排孔轻集料混凝土砌块砌体的抗压强度设计值（MPa）

砖砌块强度等级	砂浆强度等级			砂浆强度
	Mb10	Mb7.5	Mb5	0
MU10	3.08	2.76	2.45	1.44
MU7.5	—	2.13	1.88	1.12
MU5	—	—	1.31	0.78
MU3.5	—	—	0.95	0.56

注：1. 表中的砌块为火山渣、浮石和陶粒轻集料混凝土砌块；

2. 对厚度方向为双排组砌的轻集料混凝土砌块砌体的抗压强度设计值，应按表中数值乘以 0.8。

《规范》表 3.2.1-6　块体高度为 180～350mm 的毛料石砌体的抗压强度设计值（MPa）

毛料石强度等级	砂浆强度等级			砂浆强度
	M7.5	M5	M2.5	0
MU100	5.42	4.80	4.18	2.13
MU80	4.85	4.29	3.73	1.91
MU60	4.20	3.71	3.23	1.65
MU50	3.83	3.39	2.95	1.51
MU40	3.43	3.04	2.64	1.35
MU30	2.97	2.63	2.29	1.17
MU20	2.42	2.15	1.87	0.95

注：对细料石砌体、粗料石砌体和干砌勾缝石砌体，表中数值应分别乘以系数 1.4、1.2、0.8。

《规范》表 3.2.1-7　毛石砌体的抗压强度设计值（MPa）

毛石强度等级	砂浆强度等级			砂浆强度
	M7.5	M5	M2.5	0
MU100	1.27	1.12	0.98	0.34
MU80	1.13	1.00	0.87	0.30
MU60	0.98	0.87	0.76	0.26
MU50	0.90	0.80	0.69	0.23
MU40	0.80	0.71	0.62	0.21
MU30	0.69	0.61	0.53	0.18
MU20	0.56	0.51	0.44	0.15

各类砌体（龄期 28d、以毛截面计算）的轴心抗拉、弯曲抗拉、抗剪强度设计值见《规范》表 3.2.2（施工质量为 B 级时）。

《规范》表 3.2.2　沿砌体灰缝截面破坏的轴心抗拉强度设计值、弯曲抗拉强度设计值和抗剪强度设计值（MPa）

强度类别	破坏特征及砌体种类		砂浆强度等级			
			≥M10	M7.5	M5	M2.5
轴心抗拉	沿齿缝	烧结普通砖、烧结多孔砖砌体	0.19	0.16	0.13	0.09
		混凝土普通砖、混凝土多孔砖	0.19	0.16	0.13	—
		蒸压灰砂普通砖、蒸压粉煤灰普通砖	0.12	0.10	0.08	—
		混凝土和轻集料混凝土砌块	0.09	0.08	0.07	—
		毛石	—	0.07	0.06	0.04
弯曲抗拉	沿齿缝	烧结普通砖、烧结多孔砖	0.33	0.29	0.23	0.07
		混凝土普通砖、混凝土多孔砖	0.33	0.29	0.23	—
		蒸压灰砂普通砖、蒸压粉煤灰普通砖	0.24	0.20	0.16	—
		混凝土和轻集料混凝土砌块	0.11	0.09	0.08	—
		毛石	—	0.11	0.09	0.07
	沿通缝	烧结普通砖、烧结多孔砖	0.17	0.14	0.11	0.08
		混凝土普通砖、混凝土多孔砖	0.17	0.14	0.11	—
		蒸压灰砂砖、蒸压粉煤灰砖普通砖	0.12	0.10	0.08	—
		混凝土和轻集料混凝土砌块	0.08	0.06	0.05	—
抗剪		烧结普通砖、烧结多孔砖	0.17	0.14	0.11	0.08
		混凝土普通砖、混凝土多孔砖	0.17	0.14	0.11	—
		蒸压灰砂普通砖、蒸压粉煤灰普通砖	0.12	0.10	0.08	—
		混凝土和轻集料混凝土砌块	0.09	0.08	0.06	—
		毛石砌体	—	0.19	0.16	0.11

注意：《规范》规定各类砌体的强度设计值在某些情况下还应乘以调整系数 γ_a。如图 3-20 所示。

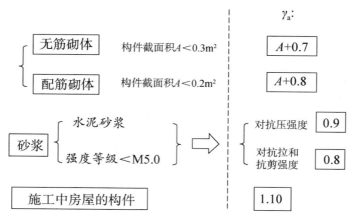

图 3-20 砌体强度设计值的调整系数 γ_a

说　明

（1）对于无筋砌体，构件截面面积 A 小于 $0.3m^2$ 时，γ_a 为其截面积（按 m^2 计）加 0.7。对配筋砌体，当其中砌体截面积小于 $0.2m^2$，γ_a 为其截面积（按 m^2 计）加 0.8。

（2）当砌体用强度等级小于 M5.0 的水泥砂浆砌筑时，对于抗压强度取 γ_a 为 0.9，对于抗拉和抗剪强度取 γ_a 为 0.8。

（3）当验算施工中房屋的构件时，$\gamma_a = 1.10$。

以上参见《规范》3.2.3 条

说　明

如果想知道各类强度的标准值，可查《规范》附录 B 的表 B.0.2-1～B.0.2-5。

第4章 砌体结构房屋的墙体计算

砌体结构房屋墙体计算的范围如图 4-1 所示。

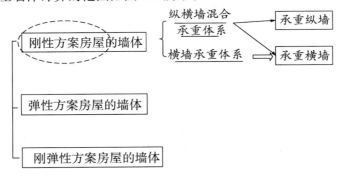

图 4-1 砌体结构房屋墙体计算的范围

说　明

刚性方案房屋的墙体包括：承重纵墙、承重横墙。如果是纵横墙混合承重体系，两者都需要考虑。如果是横墙承重体系，则只需考虑横墙。

4.1 刚性方案房屋的墙体计算要点

✳ 4.1.1 承重纵墙计算要点

1. 单层的情况

（1）计算单元

刚性方案房屋承重纵墙的计算单元如图 4-2 所示。

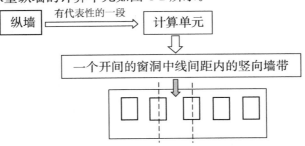

图 4-2 刚性方案房屋承重纵墙的计算单元

（2）计算简图

刚性方案房屋承重纵墙的计算简图如图 4-3 所示。

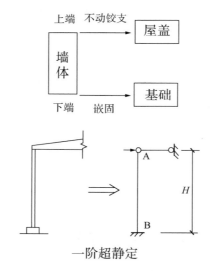

图 4-3　刚性方案房屋承重纵墙的计算简图

（3）荷载作用下内力计算

所受荷载如图 4-4 所示。

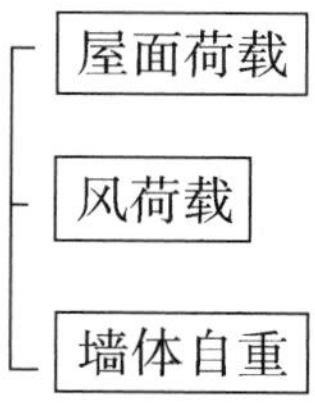

① 屋面荷载

包括恒载和活荷载。

设传给纵墙的荷载为 N_l，其偏心距为 e_l。则根据结构力学可算得，在墙体内所产生的内力为：

$$M_A = M = N_l e_l \tag{4-1}$$

$$M_B = -\frac{M_A}{2} \tag{4-2}$$

屋面荷载

风荷载

墙体自重

图 4-4　考虑的荷载类型

$$R_A = -R_B = -\frac{3M}{2H} \tag{4-3}$$

（A、B分别为墙的上、下端）

② 风荷载

对风荷载的处理如图 4-5 所示。

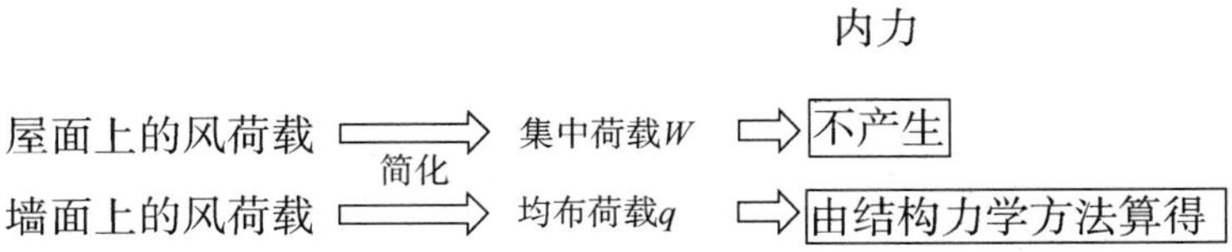

内力

屋面上的风荷载 ⟹ 集中荷载 W ⟹ │不产生│

墙面上的风荷载 ⟹（简化）均布荷载 q ⟹ │由结构力学方法算得│

图 4-5　风荷载的处理

说　明

可简化为两部分：（1）屋面上的风荷载简化为集中荷载 W；（2）墙面上的风荷载简化为均布荷载 q。

计算简图如图 4-6 所示。

均布荷载 q 产生的内力可根据结构力学方法算得，结果为：

$$R_A = \frac{3qH}{8} \qquad R_B = \frac{5}{8}qH \qquad M_B = \frac{1}{8}qH^2 \tag{4-4}$$

弯矩图的形状如图 4-7 所示。

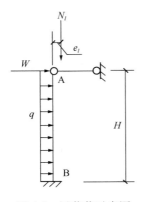

图 4-6　风荷载示意图

图 4-7　弯矩 M 图

③ 墙体自重

按轴心荷载考虑。

（4）控制截面

如图 4-8 所示。

（5）荷载组合

控制截面
最危险的截面
①顶部（Ⅰ－Ⅰ）
②在风荷载作用下弯矩最大的截面（Ⅱ-Ⅱ）
③下端（Ⅲ-Ⅲ）

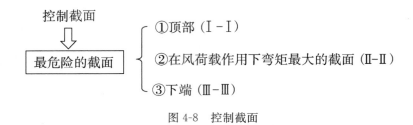

图 4-8　控制截面

按《建筑结构荷载规范》的有关规定对墙体自重、屋面荷载、风荷载进行组合，得到各控制截面的最不利内力。

（6）截面承载力计算

根据控制截面上的最不利内力，进行如图 4-9 所示的受力分析。

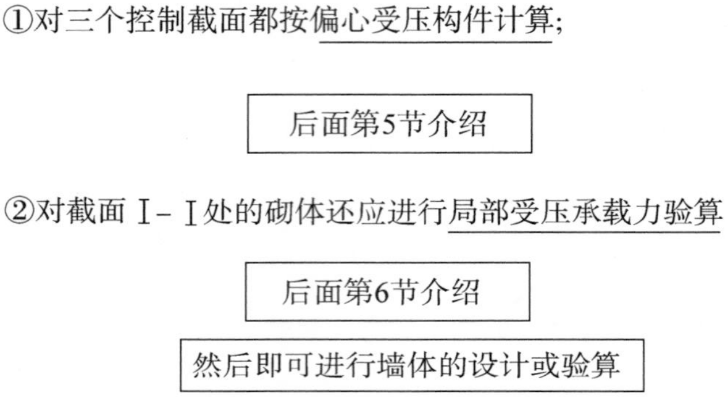

①对三个控制截面都按偏心受压构件计算;
后面第5节介绍
②对截面Ⅰ-Ⅰ处的砌体还应进行局部受压承载力验算
后面第6节介绍
然后即可进行墙体的设计或验算

图 4-9　对控制截面的受力分析

计算过程小结如图 4-10 所示。

计算单元
计算简图
各荷载作用下的内力计算
确定控制截面
进行荷载组合
进行截面承载力计算
墙体设计
墙体验算

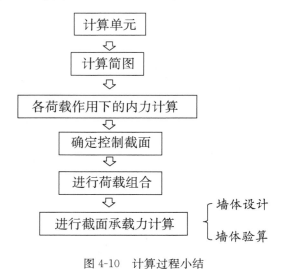

图 4-10　计算过程小结

以上单层纵墙的计算要点参见《规范》4.2.5 条第 1 款

2. 多层的情况

（1）计算单元

同单层房屋。

（2）水平荷载（风荷载）作用下的内力计算

对于刚性方案的房屋，当满足以下要求时，可不考虑风荷载的影响：

① 洞口水平截面面积不超过全截面面积的 2/3；

② 层高和高度不超过《规范》表 4.2.6 所规定的数值；

③ 屋面自重不小于 0.8kN/m²。

《规范》表 4.2.6　刚性方案多层房屋的外墙不考虑风荷载影响时的最大高度

基本风压（kN/m²）	层高（m）	总高（m）
0.4	4	28
0.5	4	24
0.6	4	18
0.7	3.5	18

注：对于砌块房屋，当层高不大于 2.8m，总高不大于 19.6m，基本风压不大于 0.7kN/m² 时，可不考虑风荷载的情况。

可见，很多情况下是不需要考虑风荷载的。

以上参见《规范》4.2.6 条第 2 款

如果需要考虑，方法如图 4-11 所示。

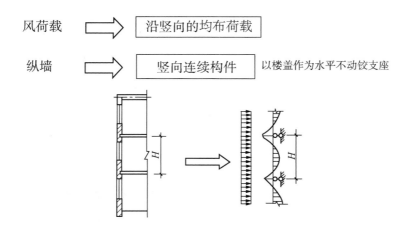

图 4-11　对风荷载的考虑方式

　　然后用结构力学方法直接计算风荷载作用下的内力，如图4-12所示。

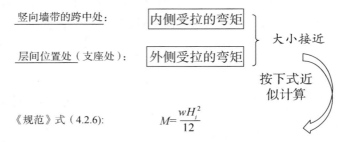

$$M=\frac{wH_i^2}{12}$$

w——沿楼层高均布风荷载的设计值；
H_i——层高。

图 4-12　风荷载作用下的内力计算方式

　　有关风荷载的小结如图4-13所示。

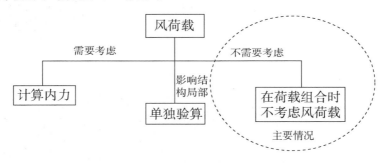

图 4-13　有关风荷载的小结

　　（3）竖向荷载作用下的内力计算
　　① 计算简图

如图 4-14 所示。

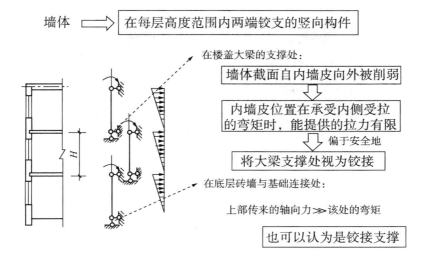

墙体 ⟹ 在每层高度范围内两端铰支的竖向构件

在楼盖大梁的支撑处：

墙体截面自内墙皮向外被削弱

⟱

内墙皮位置在承受内侧受拉的弯矩时，能提供的拉力有限

⟱ 偏于安全地

将大梁支撑处视为铰接

在底层砖墙与基础连接处：

上部传来的轴向力 ≫ 该处的弯矩

也可以认为是铰接支撑

图 4-14　竖向荷载作用下的计算简图

以上参见《规范》4.2.5 条第 2 款

② 控制截面

控制截面的选取如图 4-15 所示。

③ Ⅰ-Ⅰ截面的内力计算

内力设计值的确定如图 4-16 所示。

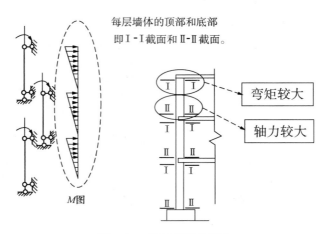

图 4-15　控制截面的选取

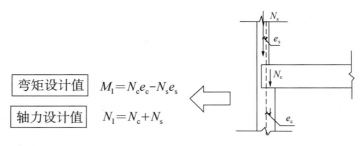

图 4-16　内力设计值的确定

根据图 4-16 可得内力设计值如下：

弯矩设计值 $\qquad M_\mathrm{I} = N_\mathrm{c}e_\mathrm{c} - N_\mathrm{s}e_\mathrm{s}$ （4-5）

轴力设计值 $\qquad N_\mathrm{I} = N_\mathrm{s} + N_\mathrm{c}$ （4-6）

式中 $\quad N_\mathrm{c}$——本层楼盖传来的荷载；

$\qquad e_\mathrm{c}$——对墙体截面重心的偏心距，$e_\mathrm{c} = \dfrac{h}{2} - 0.4a_0$；

$\qquad h$——该层墙体的厚度；

$\qquad a_0$——梁端有效支撑长度，确定方法见后文；

$\qquad N_\mathrm{s}$——上层传来的荷载；

$\qquad e_\mathrm{s}$——对墙体截面重心的偏心距。

然后按偏心受压构件计算墙体承载力（详见 4.5 节）。

另外，当楼面梁支撑于墙体上时，还应验算梁端下砌体的局部受压承载力（详见 4.6 节）。

④ Ⅱ-Ⅱ截面的内力计算

如图 4-17 所示。

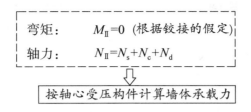

图 4-17　Ⅱ-Ⅱ截面的内力计算

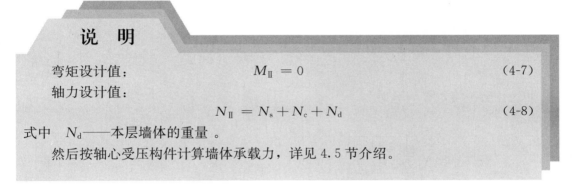

说　明

弯矩设计值：
$$M_{\text{Ⅱ}} = 0 \tag{4-7}$$

轴力设计值：
$$N_{\text{Ⅱ}} = N_s + N_c + N_d \tag{4-8}$$

式中　N_d——本层墙体的重量。

然后按轴心受压构件计算墙体承载力，详见 4.5 节介绍。

注意：对"铰接"的假定还需要进一步的分析，如图 4-18 所示。

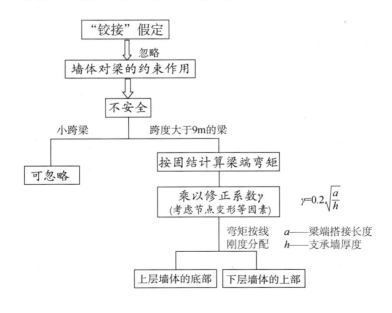

图 4-18　对"铰接"假定的分析

说　明

以上计算简图中采用的铰接假定忽略了墙体对梁的约束作用。这对墙体来说偏于不安全。当梁的跨度较小时，这种不安全因素和偏于安全的简化过程会互相抵消，结构的可靠度是可以得到保证的。

但对于梁跨度大于 9m 的情况，宜考虑梁端约束弯矩的作用。方法如下：

计算时，梁端按固结计算弯矩，考虑到节点变形等因素乘以修整系数 γ 后作为弯矩计算，然后按线刚度分配到上层墙体的底部和下层墙体的上部。γ 值按下式计算：

$$\gamma = 0.2 \left(\frac{a}{h} \right)^{0.5} \qquad \text{《规范》式（4.2.5）}$$

式中　a——梁端搭接长度；

　　　h——支承墙厚度。

以上内容小结如图 4-19 所示。

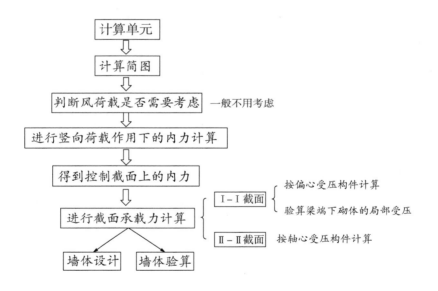

图 4-19　承重纵墙计算要点小结

✴ 4.1.2　承重横墙计算要点

1. 计算单元

计算单元的选取如图 4-20 所示。

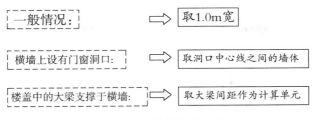

图 4-20　计算单元的选取

> ## 说　明
>
> 　　一般取 1.0m 宽为计算单元。
> 　　但需要注意：（1）当横墙上设有门窗洞口时，则应取洞口中心线之间的墙体作为计算单元；（2）当有楼盖中的大梁支撑于横墙时，应取大梁间距作为计算单元。

2. 计算简图

计算简图的建立如图 4-21 所示。

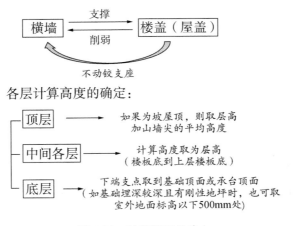

图 4-21　计算简图的建立

> ## 说　明
>
> 　　一般楼盖（屋盖）构件均支撑在横墙上，因而可视为横墙的侧向支撑。考虑楼板伸入墙身后对墙身的削弱作用，可将楼板视为墙体的不动铰支座。

3. 承受的荷载

如图 4-22 所示。

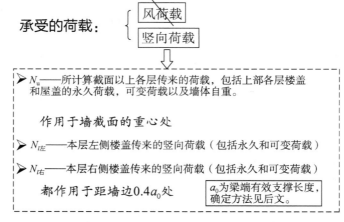

图 4-22　承受的荷载

说　明

一般不必考虑风荷载。只考虑竖向荷载即可。具体包括三部分：

（1）N_u——所计算截面以上各层传来的荷载，包括上部各层楼盖和屋盖的永久荷载、可变荷载以及墙体自重。作用于墙截面的重心处。

（2）$N_{l左}$——本层左侧楼盖传来的竖向荷载（包括永久和可变荷载）。

（3）$N_{l右}$——本层右侧楼盖传来的竖向荷载（包括永久和可变荷载）。

$N_{l左}$ 和 $N_{l右}$ 都作用于距墙边 $0.4a_0$ 处。

需注意的事项如图 4-23 所示。

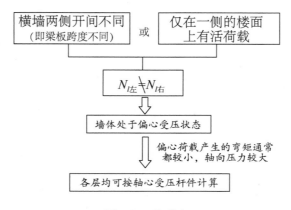

图 4-23　注意点

4. 控制截面

控制截面的确定及分析如图 4-24 所示。

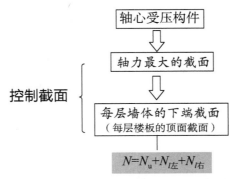

图 4-24　控制截面的确定及分析

5. 控制截面的设计

控制截面的设计如图 4-25 所示。

6. 局部受压的问题

楼盖一般采用混凝土现浇楼盖。楼盖中的边区格的梁板需要支撑在墙体上。

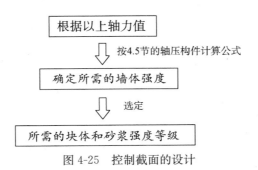

图 4-25　控制截面的设计

局部受压问题的处理如图 4-26 所示。

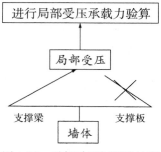

图 4-26　局部受压问题的处理

说　明

（1）对于支撑梁的墙体，需要考虑梁端的局部受压现象，要进行局部受压承载力验算。

（2）对于支撑板的墙体，则无局部受压情况，不需进行局部受压承载力验算。

4.2　弹性方案房屋的墙体计算要点

多层弹性的方案不宜采用。所以主要考虑单层的情况。

✳ 4.2.1　分析要点

以一个开间为计算单元，计算简图如图 4-27 所示。

可侧移的铰接平面排架

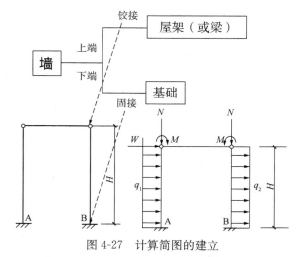

图 4-27　计算简图的建立

以上参见《规范》4.2.3 条

✳ 4.2.2　内力计算方法

1. 风荷载作用下

可按《混凝土规范》中单层厂房部分计算等高排架的剪力分配法进行，如图 4-28 所示。

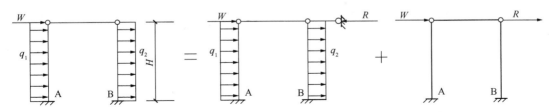

图 4-28　风载作用下的内力计算示意图

2. 竖向荷载（包括屋面荷载和墙自重）作用下

由于荷载对称，房屋不侧移，内力计算同刚性房屋。

控制截面的确定和分析如图 4-29 所示。

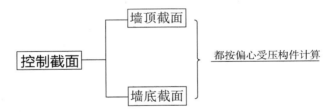

图 4-29　控制截面的确定和分析

需要进行的两个验算如图 4-30 所示。

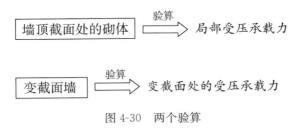

图 4-30　两个验算

说　明

控制截面有两个：墙顶和墙底截面，都按偏心受压构件计算。

另外，对墙顶截面处的砌体还应进行局部受压承载力验算；对变截面墙体，还应验算变截面处的受压承载力。

4.3 刚弹性方案房屋的墙体计算要点

（1）由于空间作用，其侧移减小，为此可在弹性方案的基础上，在顶部加一个弹性支座。

以上参见《规范》4.2.4条

（2）墙体的内力可按以下两个步骤进行计算，然后将两步结果叠加，得到最后的内力：

① 在平面计算简图中，各层横梁与墙体连接处加水平铰支杆，计算其在水平荷载（风荷载）作用下无侧移时的内力与各支杆反力 R_i［《规范》图 C.0.1（a）］；

② 考虑房屋的空间作用，将各支杆反力 R_i 乘以由《规范》表 4.2.4 查得的相应空间性能影响系数 η_i，并反向施加于节点上，计算其内力［《规范》C.0.1（b）］。

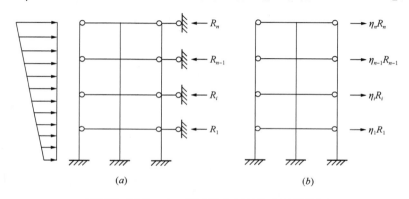

《规范》图 C.0.1　刚弹性房屋的静力计算简图

《规范》表格 4.2.4　房屋各层的空间性能影响系数 η_i

屋盖或楼盖类别	横墙间距 s（m）													
	16	20	24	28	32	36	40	44	48	52	56	60	64	68	72
1	—	—	—	—	0.33	0.39	0.45	0.50	0.55	0.60	0.64	0.68	0.71	0.74	0.77
2	—	0.35	0.45	0.54	0.61	0.68	0.73	0.78	0.82	—	—	—	—	—	—
3	0.37	0.49	0.60	0.68	0.75	0.81	—	—	—	—	—	—	—	—	—

注：1. i 取 $1 \sim n$，n 为房屋的层数。

　　2. 屋盖或楼盖类别的编号见《规范》表4.2.1。

以上参见《规范》附录 C

4.4 上柔下刚多层房屋的墙体计算要点

还有一类特殊的砌体结构，如图 4-31 所示。

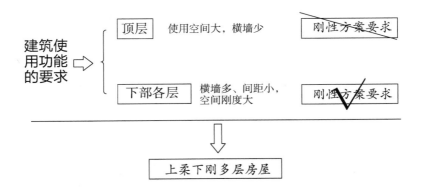

图 4-31　上柔下刚多层房屋

说　明

　　由于建筑使用功能的要求，会出现：（1）下部各层的横墙多、间距小，空间刚度大，符合刚性方案房屋要求；（2）顶层的使用空间大，横墙少，不符合刚性方案要求。

　　这种房屋称为：上柔下刚多层房屋。

上柔下刚多层房屋的计算要点如图 4-32 所示。

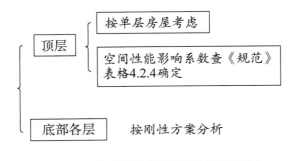

图 4-32　上柔下刚多层房屋的计算要点

以上参见《规范》4.2.7 条

4.5　受压构件（墙体、柱）的截面承载力计算

注意：这里的适用对象不仅是墙体，还包括砌筑的柱子。

受压构件的类别如图 4-33 所示。

- 轴心受压构件
- 偏心受压构件
  - 单向
  - 双向

按受力特征
- 粗短构件
- 细长构件

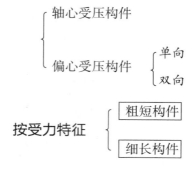

图 4-33　受压构件的类别

✷ 4.5.1　粗短构件和细长构件的区分

两类构件如何区分？利用一个参数——受压构件的高厚比 β。

区分标准如图 4-34 所示。

β
- >3　按细长构件计算
- $\leqslant 3$　按粗短构件计算

图 4-34　粗短构件和细长构件的区分

β 按下列公式计算：

（1）对于一般的条形墙体，截面为矩形：$\beta=\gamma_{\beta}\dfrac{H_0}{h}$。

（2）对于带壁柱的墙体（沿长度方向隔一定距离将墙局部加厚形成墙面带垛的加劲墙，如图 4-35～图 4-37 所示），截面为 T 形：$\beta=\gamma_{\beta}\dfrac{H_0}{h_{\mathrm{T}}}$。

式中　γ_{β}——不同砌体材料的高厚比影响系数，根据《规范》表 5.1.2，取值如下：

烧结普通砖、烧结多孔砖砌体，取 1.0；

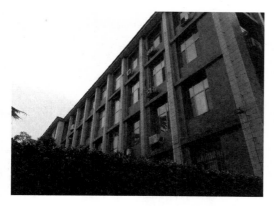

图 4-35　山东大学某处的带壁柱墙（一）

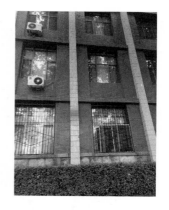

图 4-36　山东大学某处的带壁柱墙（二）

图 4-37　济南玉函路某处的带壁柱墙

混凝土及轻骨料混凝土砌块砌体，取 1.1；

蒸压灰砂砖、蒸压粉煤灰砖、细料石和半细料石砌体，取 1.2；

粗料石和毛石砌体，取 1.5；

H_0——受压构件的计算高度，可查《规范》表 5.1.3；

h——矩形截面轴向力偏心方向的边长，当轴心受压时为截面较小边长；

注意

对转角墙段，当角部受竖向集中荷载时，计算截面的长度 h 可从角点算起，每侧宜取层高的 1/3。当上述墙体范围内有门窗洞口时，则计算截面取至洞边，但不宜大于层高的 1/3。

---

h_T——带壁柱墙截面（T 形截面）的折算厚度，$h_T = 3.5i$；

i——带壁柱墙截面的回转半径，$i = \sqrt{\dfrac{I}{A}}$；

I、A——分别为带壁柱墙截面的惯性矩和面积。

那如何确定带壁柱墙的 T 形截面的具体尺寸？需要知道翼缘宽度 b_f。

根据《规范》表 4.2.8，b_f 的取用如图 4-38 所示。

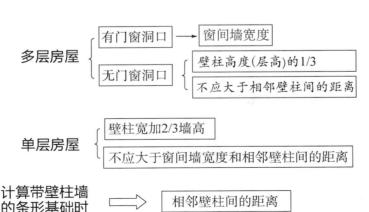

图 4-38　翼缘宽度 b_f 的取用

《规范》表 5.1.3　受压构件的计算高度 H_0

房屋类别			柱		带壁柱墙或周边拉结的墙		
			排架方向	垂直排架方向	$s>2H$	$2H\geqslant s>H$	$s\leqslant H$
有吊车的单层房屋	变截面柱上段	弹性方案	$2.5H_u$	$1.25H_u$	$2.5H_u$		
		刚性、刚弹性方案	$2.0H_u$	$1.25H_u$	$2.0H_u$		
	变截面柱下段		$1.0H_l$	$0.8H_l$	$1.0H_u$		
无吊车的单层和多层房屋	单跨	弹性方案	$1.5H$	$1.0H$	$1.5H_u$		
		刚弹性方案	$1.2H$	$1.0H$	$1.2H_u$		
	两跨或两跨以上	弹性方案	$1.25H$	$1.0H$	$1.25H_u$		
		刚弹性方案	$1.1H$	$1.0H$	$1.1H_u$		
		刚性方案	$1.0H$	$1.0H$	$1.0H$	$0.4s+0.2H$	$0.6s$

注：s——相邻横墙间的距离。

H——构件的实际高度，根据《规范》5.1.3 条，按下列规定取值：

（1）在房屋的底层，为楼板顶面到构件下端支点的距离。下端支点的位置：可取在基础顶面；当基础埋深比较深且有刚性地坪时，可取室外地面下 500mm 处。

（2）在房屋其他层次，为楼板或其他水平支点间的距离。

（3）对于无壁柱的山墙，可取层高加山墙尖高度的 1/2；对于带壁柱的山墙可取壁柱处的山墙高度。

H_u——变截面柱的上段高度。

H_l——变截面柱的下段高度。

以上参见《规范》5.1.2 条

✳ 4.5.2　受压粗短构件的承载力分析

根据试验得到的轴压、偏心情况（考虑不同的偏心距）下的构件截面应力情况如图 4-39 所示。

图 4-39　偏心对构件承载力的影响

说　明

随着偏心距的增大，构件的承载力不断降低。

基本计算公式为：

$$N_u = \varphi_1 A f \tag{4-10}$$

式中　φ_1——偏心距 e 对承载力的影响系数。

试验研究表明：φ_1 大致与偏心距 e 和截面回转半径 i 的比值（e/i）呈二次抛物线的关系：

$$\varphi_1 = \frac{1}{1+(e/i)^2} \tag{4-11}$$

其中，矩形截面：$\varphi_1 = \dfrac{1}{1+12\,(e/h)^2}$；

T 形截面：在上式中用 h_T 代替 h。

✳ 4.5.3　受压细长构件的承载力分析

1. 轴心受压时的承载力分析

如图 4-40 所示。

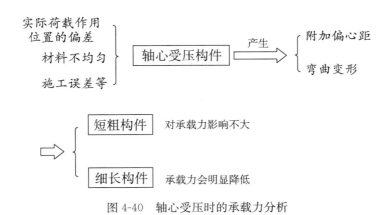

图 4-40　轴心受压时的承载力分析

　　考虑这种情况，基本计算公式为：

$$N_u = \varphi_0 A f \tag{4-12}$$

　　其中：

$$\varphi_0 = \frac{1}{1 + \alpha\beta^2} \tag{4-13}$$

式中　α——与砂浆有关的系数，当砂浆强度等级$\geqslant$M5时，$a = 0.0015$；当砂浆强度等级为M2.5时，$a = 0.002$；当砂浆强度为零时，$a = 0.009$；

　　　　β——受压构件的高厚比。

　　2. 偏心受压时的承载力分析

　　如图4-41所示。

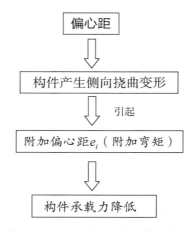

图 4-41　偏心受压时的承载力分析

　　此时，构件的受压承载力影响系数 φ 应为：

$$\varphi = \cfrac{1}{1 + \left(\cfrac{e + e_i}{i}\right)^2} \qquad (4\text{-}14)$$

对单向偏心的矩形截面构件，最终可推导得出：

$$\varphi = \cfrac{1}{1 + 12\left[\cfrac{e}{h} + \sqrt{\cfrac{1}{12}\left(\cfrac{1}{\varphi_0} - 1\right)}\right]^2} \qquad 《规范》式（D.0.1\text{-}2）$$

✵ 4.5.4　受压构件承载力计算的统一公式

根据进一步的研究，可得统一计算公式如下：

$$N \leqslant \varphi f A \qquad 《规范》式（5.1.1）$$

式中　N——轴向力设计值；

　　　φ——高厚比 β 和轴向力的偏心距 e 对受压构件承载力的影响系数；对矩形构件可按《规范》式（D.0.1-2）计算（因为一般都为细长构件），也可直接查《规范》表 D.0.1-1-1～表 D.0.1-1-3；

　　　f——砌体抗压强度设计值（注意有些情况需要进行修正）；

　　　A——截面面积，对各类砌体均可按毛截面计算。

《规范》表 D.0.1-1-1　影响系数 φ（砂浆强度等级≥M5）

β	$\dfrac{e}{h}$ 或 $\dfrac{e}{h_T}$												
	0	0.025	0.05	0.075	0.1	0.125	0.15	0.175	0.2	0.225	0.25	0.275	0.3
≤3	1	0.99	0.97	0.94	0.89	0.84	0.79	0.73	0.68	0.62	0.57	0.52	0.48
4	0.98	0.95	0.90	0.85	0.80	0.74	0.69	0.64	0.58	0.53	0.49	0.45	0.41
6	0.95	0.91	0.86	0.81	0.75	0.69	0.64	0.59	0.54	0.49	0.45	0.42	0.38
8	0.91	0.86	0.81	0.76	0.70	0.64	0.59	0.54	0.50	0.46	0.42	0.39	0.36
10	0.87	0.82	0.76	0.71	0.65	0.59	0.55	0.50	0.46	0.42	0.39	0.36	0.33
12	0.82	0.77	0.71	0.66	0.60	0.55	0.51	0.47	0.43	0.39	0.36	0.33	0.31
14	0.77	0.72	0.66	0.61	0.56	0.51	0.47	0.43	0.40	0.36	0.34	0.31	0.29
16	0.72	0.67	0.61	0.56	0.52	0.47	0.44	0.40	0.37	0.34	0.31	0.29	0.27
18	0.67	0.62	0.57	0.52	0.48	0.44	0.40	0.37	0.34	0.31	0.29	0.27	0.25
20	0.62	0.57	0.53	0.48	0.44	0.40	0.37	0.34	0.32	0.29	0.27	0.25	0.23
22	0.58	0.53	0.49	0.45	0.41	0.38	0.35	0.32	0.30	0.27	0.25	0.24	0.22
24	0.54	0.49	0.45	0.41	0.38	0.35	0.32	0.30	0.28	0.26	0.24	0.22	0.21
26	0.50	0.46	0.42	0.38	0.35	0.33	0.30	0.28	0.26	0.24	0.22	0.21	0.19
28	0.46	0.42	0.39	0.36	0.33	0.30	0.28	0.26	0.24	0.22	0.21	0.19	0.18
30	0.42	0.39	0.36	0.33	0.31	0.28	0.26	0.24	0.22	0.21	0.20	0.18	0.17

《规范》表 D.0.1-1-2　影响系数 φ（砂浆强度等级≥M2.5）

β	$\dfrac{e}{h}$ 或 $\dfrac{e}{h_T}$												
	0	0.025	0.05	0.075	0.1	0.125	0.15	0.175	0.2	0.225	0.25	0.275	0.3
≤3	1	0.99	0.97	0.94	0.89	0.84	0.79	0.73	0.68	0.62	0.57	0.52	0.48
4	0.97	0.94	0.89	0.84	0.78	0.73	0.67	0.62	0.57	0.52	0.48	0.44	0.40
6	0.93	0.89	0.84	0.78	0.73	0.67	0.62	0.57	0.52	0.48	0.44	0.40	0.37
8	0.89	0.84	0.78	0.72	0.67	0.62	0.57	0.52	0.48	0.44	0.40	0.37	0.34
10	0.83	0.78	0.72	0.67	0.61	0.56	0.52	0.47	0.43	0.40	0.37	0.34	0.31
12	0.78	0.72	0.67	0.61	0.56	0.52	0.47	0.43	0.40	0.37	0.34	0.31	0.29
14	0.72	0.66	0.61	0.56	0.51	0.47	0.43	0.40	0.36	0.34	0.31	0.29	0.27
16	0.66	0.61	0.56	0.51	0.47	0.43	0.40	0.36	0.34	0.31	0.29	0.26	0.25
18	0.61	0.56	0.51	0.47	0.43	0.40	0.36	0.33	0.31	0.29	0.26	0.24	0.23
20	0.56	0.51	0.47	0.43	0.39	0.36	0.33	0.31	0.28	0.26	0.24	0.23	0.21
22	0.51	0.47	0.43	0.39	0.36	0.33	0.31	0.28	0.26	0.24	0.23	0.21	0.20
24	0.46	0.43	0.39	0.36	0.33	0.31	0.28	0.26	0.24	0.23	0.21	0.20	0.18
26	0.42	0.39	0.36	0.33	0.31	0.28	0.26	0.24	0.22	0.21	0.20	0.18	0.17
28	0.39	0.36	0.33	0.30	0.28	0.26	0.24	0.22	0.21	0.20	0.18	0.17	0.16
30	0.36	0.33	0.30	0.28	0.26	0.24	0.22	0.20	0.19	0.18	0.17	0.16	0.15

《规范》表 D.0.1-1-3　影响系数 φ（砂浆强度 0）

β	$\dfrac{e}{h}$ 或 $\dfrac{e}{h_T}$												
	0	0.025	0.05	0.075	0.1	0.125	0.15	0.175	0.2	0.225	0.25	0.275	0.3
≤3	1	0.99	0.97	0.94	0.89	0.84	0.79	0.73	0.68	0.62	0.57	0.52	0.48
4	0.87	0.82	0.77	0.71	0.66	0.60	0.55	0.51	0.46	0.43	0.39	0.36	0.33
6	0.76	0.70	0.65	0.59	0.54	0.50	0.46	0.42	0.39	0.36	0.33	0.30	0.28
8	0.63	0.58	0.54	0.49	0.45	0.41	0.38	0.35	0.32	0.30	0.28	0.25	0.24
10	0.53	0.48	0.44	0.41	0.37	0.34	0.32	0.29	0.27	0.25	0.23	0.22	0.20
12	0.44	0.40	0.37	0.34	0.31	0.29	0.27	0.25	0.23	0.21	0.20	0.19	0.17
14	0.36	0.33	0.31	0.28	0.26	0.24	0.23	0.21	0.20	0.18	0.17	0.16	0.15
16	0.30	0.28	0.26	0.24	0.22	0.21	0.19	0.18	0.17	0.16	0.15	0.14	0.13
18	0.26	0.24	0.22	0.21	0.19	0.18	0.17	0.16	0.15	0.14	0.13	0.12	0.12
20	0.22	0.20	0.19	0.18	0.17	0.16	0.15	0.14	0.13	0.12	0.12	0.11	0.10
22	0.19	0.18	0.16	0.15	0.14	0.14	0.13	0.12	0.12	0.11	0.10	0.10	0.09
24	0.16	0.15	0.14	0.13	0.13	0.12	0.11	0.11	0.10	0.10	0.09	0.09	0.08
26	0.14	0.13	0.13	0.12	0.11	0.11	0.10	0.10	0.09	0.09	0.08	0.08	0.07
28	0.12	0.12	0.11	0.11	0.10	0.10	0.09	0.09	0.08	0.08	0.07	0.07	0.07
30	0.11	0.10	0.10	0.09	0.09	0.09	0.08	0.08	0.07	0.07	0.07	0.07	0.06

以上参见《规范》5.1.1 条

《规范》式（5.1.1）的作用如图 4-42 所示。

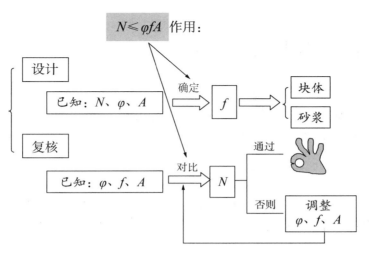

图 4-42 《规范》式（5.1.1）的作用

✳ 4.5.5 承载力计算时应注意的两个问题

1. 对于矩形截面构件

注意点如图 4-43 所示。

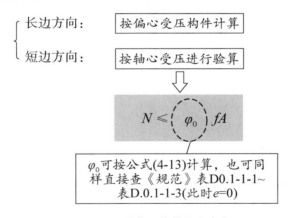

图 4-43 矩形截面构件的注意点

2. 轴向力的偏心距限值

如果偏心距过大，后果如图 4-44 所示。

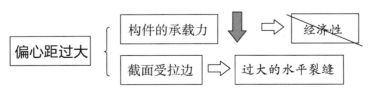

图 4-44 偏心距过大的后果

所以应当对偏心距加以限制：

$$e \leqslant 0.6y \qquad (4\text{-}15)$$
$$(e = M/N)$$

式中 y——截面重心至轴向力所在偏心方向截面受压边缘的距离。

以上参见《规范》5.1.5 条

轴向力的偏心距超过上述规定限值时，应考虑采取适当措施，减小偏心距。如梁或屋架端部支承反力的偏心距较大时，可在其端部下的砌体上设置具有"中心装置"的垫块或缺口垫块。

> **注意**
>
> 根据《规范》4.2.9 条，对于转角处的墙段，考虑上层的竖向集中荷载传至本层时，可按均布荷载计算，此时应将转角墙段看成角形截面，然后按偏心受压构件进行承载力验算。

【例题 4-1】[1]：某计算高度 $H_0 = 6.0$m、截面尺寸为 370mm×620mm 的砖砌体（采用 MU10 烧结黏土砖、M5 混合砂浆，施工质量为 B 级），作用在截面长边方向的竖向压力设计值 $N=120$kN，偏心距 $e=125$mm，试验算该砌体的承载力。

解：（1）验算长边方向的承载力

高厚比 $\beta = \gamma_\beta \dfrac{H_0}{h} = 1.0 \times \dfrac{6.0}{0.62} = 9.68$

$$\frac{e}{h} = \frac{125}{620} = 0.2016$$

根据《规范》式（D.0.1-2）得：$\varphi = 0.466$

查《规范》表 3.2.1-1 得：$f = 1.5$N/mm^2

砌体的截面积：$A = 0.37 \times 0.62 = 0.2294m^2 < 0.3$m^2

所以需考虑 γ_a：$\gamma_a = 0.7 + 0.2294 = 0.9294$

根据《规范》式（5.1.1）：

$\varphi \gamma_a f A = 0.466 \times 0.9294 \times 1.5 \times 229400 = 149$kN $> N = 120$kN　安全

（2）验算垂直弯矩作用平面的承载力

构件高厚比 $\qquad \beta = \gamma_\beta \dfrac{H_0}{h} = 1.0 \times \dfrac{6.0}{0.37} = 16.22$

根据《规范》式（D.0.1-2）：$\varphi = 0.715$

同样根据《规范》式（5.1.1）：

$\varphi \gamma_a f A = 0.715 \times 0.9294 \times 1.5 \times 229400 = 229$kN $> N = 120$kN　安全

【例题 4-2】[2] 某带壁柱的窗间墙（壁柱高 5.4m、计算高度为 6.48m），用 MU10 黏土砖和 M2.5 混合砂浆砌筑，施工质量等级 B 级。截面尺寸如图 4-45 所示，截面的设计内力为 $N=320$kN、$M=41$kN·m，弯矩方向是翼缘受压，试验算该墙体的承载力。

解：验算承载力的公式为《规范》式（5.1.1）：$N < \varphi f A$

---

[1] 改编自参考文献 [4]。

[2] 改编自参考文献 [4]。

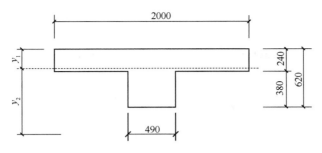

图 4-45　窗间墙的截面尺寸

截面积：$A = 2000 \times 240 + 380 \times 490 = 666200 \text{mm}^2$

截面重心位置：

$$y_1 = \frac{2000 \times 240 \times 120 + 490 \times 380 \times (240 + 190)}{666200} = 207\text{mm}$$

$$y_2 = 620 - 207 = 413\text{mm}$$

截面惯性矩：

$$I = \frac{1}{3} \times 2000 y_1^3 + \frac{1}{3} \times 490 y_2^3 + \frac{1}{3} \times (2000 - 490) \times (240 - y_1)^3 = 174.4 \times 10^8 \text{mm}^4$$

得回转半径：$i = \sqrt{\dfrac{I}{A}} = 162\text{mm}$

截面折算厚度：$h_\text{T} = 3.5i = 566\text{mm}$

$$e = \frac{M}{N} = \frac{41000}{320} = 128\text{mm}$$

$$\frac{e}{h_\text{T}} = \frac{128}{566} = 0.226$$

$$\beta = \frac{H_0}{h_\text{T}} = \frac{6.48}{0.566} = 11.4$$

根据《规范》式（D.0.1-2）得：$\varphi = 0.385$

查《规范》表 3.2.1-1 得：$f = 1.3\text{N/mm}^2$

代入《规范》式（5.1.1）：

$\varphi f A = 0.385 \times 666200 \times 1.3 = 333.43\text{kN} > 320\text{kN}$　　　安全

✳ 4.5.6　双向偏心受压的情况

承载力计算仍按下式：

$$N \leqslant \varphi f A$$

但 φ 值的计算公式不同：

$$\varphi = \frac{1}{1 + 12\left[\left(\dfrac{e_\text{b} + e_{i\text{b}}}{b}\right)^2 + \left(\dfrac{e_\text{h} + e_{i\text{h}}}{h}\right)^2\right]} \tag{4-16}$$

$$e_{i\text{h}} = \frac{h}{\sqrt{12}}\sqrt{\frac{1}{\varphi_0} - 1}\left(\frac{e_\text{h}/h}{e_\text{h}/h + e_\text{b}/b}\right) \tag{4-17}$$

$$e_{ib} = \frac{b}{\sqrt{12}}\sqrt{\frac{1}{\varphi_0}-1}\left(\frac{e_b/b}{e_h/h + e_b/b}\right) \qquad (4\text{-}18)$$

> **注意**
>
> 双向偏心受压时，两个方向的偏心距均不得大于该方向边长的 0.5 倍。

4.6 局部受压的计算

因支撑楼盖或屋盖而引起。如图 4-46 所示。

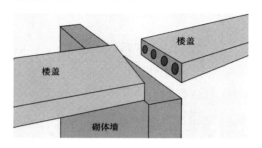

图 4-46　墙体局部受压

✸ 4.6.1　砌体局部受压特性

砌体局部受压的受力特征如图 4-47 所示。

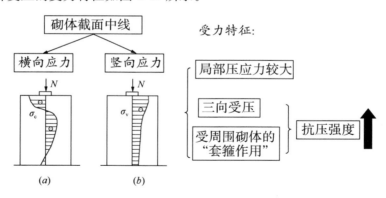

图 4-47　砌体局部受压
（a）横向应力 σ_x；（b）竖向应力 σ_y

> **说　明**
>
> 　　与荷载作用面接触的砌体的受力特征：（1）局部压应力较大；（2）同时处于三向受压状态，受到周围砌体的"套箍作用"，抗压强度提高。

局部受压的破坏形式如图 4-48 所示。

    （1）竖向裂缝发展而破坏（最基本的破坏形式）
    （2）劈裂破坏（砌体面积与局压面积之比很大时）
    （3）局压面积处局部破坏（砌体强度较低时）

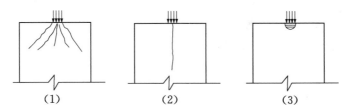

图 4-48　局部受压的破坏形式

✳ 4.6.2　砌体局部受压分类及计算

砌体局部受压的类别如图 4-49 所示。

    （1）均匀局部受压：局压面积上的压应力均匀分布
    （2）梁端局部受压：楼盖大梁下的局部受压，也称为非均匀局部受压(图4-49a)
    （3）垫块下局部受压：一般为刚性垫块(图4-49b)

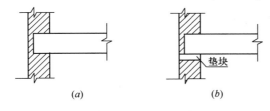

图 4-49　砌体局部受压的类别

1. 局部均匀受压计算
局部均匀受压如图 4-50 所示。

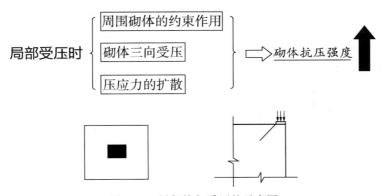

图 4-50　局部均匀受压的示意图

局部受压时砌体抗压强度会提高，原因为周围砌体的约束作用，砌体三向受压和压应力的扩散。

局部抗压强度提高的原因及计算如图 4-51 所示。

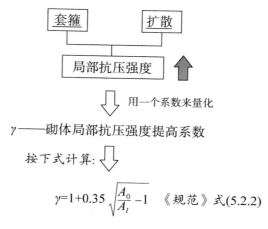

图 4-51　局部抗压强度提高的原因及计算

考虑"套箍"和"扩散"作用引起的局部抗压强度提高，用一个系数 γ 来量化，即砌体局部抗压强度提高系数。可按下式计算：

$$\gamma = 1 + 0.35\sqrt{\frac{A_0}{A_l} - 1}$$ 　　　　　《规范》式（5.2.2）

式中　A_0——影响局部抗压强度的面积，按《规范》图 5.2.2 计算。

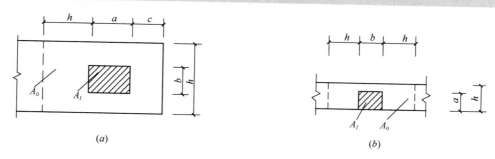

《规范》图 5.2.2　不同局压部分的 A_0 取值

注：图（a）的情况下，$A_0 = (a+c+h)\ h$；图（b）的情况下，$A_0 = (b+2h)\ h$；

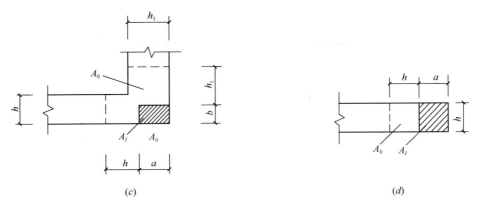

$$\text{《规范》图 } 5.2.2 \quad \text{不同局压部分的 } A_0 \text{ 取值（续）}$$

注：图（c）的情况下，$A_0 = (a+h)\ h + (b+h_1-h)\ h_1$；图（d）的情况下，$A_0 = (a+h)\ h$。

其中，h 为墙厚；h_1 为另一方向的墙厚；a、b 为矩形局部受压面积 A_1 的边长；c 为矩形局部受压面积的外边边缘至构件边缘的较小距离，当大于 h 时，应取为 h。

以上参见《规范》5.2.3 条

> **注意**
>
> 为了防止砌体一开裂就发生脆性破坏，《规范》5.2.2 条第 2 款对 γ 的取值作了限制：
>
> （1）对于《规范》图 5.2.2（a）情况（砌体中部局压），$\gamma \leqslant 2.5$；
>
> （2）对于《规范》图 5.2.2（b）情况（窗间墙局部受压），$\gamma \leqslant 2.0$；
>
> （3）对于《规范》图 5.2.2（c）情况（拐角处局部受压），$\gamma \leqslant 1.5$；
>
> （4）对于《规范》图 5.2.2（d）情况（墙体端部局部受压）$\gamma \leqslant 1.25$；
>
> （5）对于多孔砖砌体和要求灌实的砌块砌体，$\gamma \leqslant 1.5$；未灌孔混凝土砌块砌体，$\gamma = 1.0$。

此时的砌体抗压强度为：$\gamma f A_l$。验算式如下：

$$N_l \leqslant \gamma f A_l \qquad\qquad \text{《规范》式（5.2.1）}$$

式中　N_l——作用于局部受压面积上的纵向力设计值；

　　　A_l——局部受压面积；

　　　f——砌体抗压强度设计值。

> **注意**
>
> 不考虑强度调整系数 γ_a。

2. 梁端局部受压

有两个特点：

（1）特点 1，如图 4-52 所示。

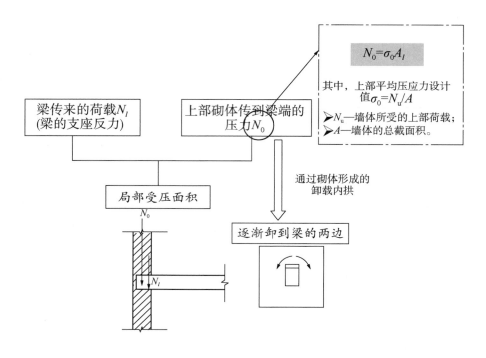

图 4-52 梁端局部受压特点（一）

说 明

局部受压面积上不仅受梁传来的荷载 N_l（梁的支座反力），还受上部砌体传到梁端的压力 N_0。

N_0（局部受压面积内上部轴向力设计值），按下式计算：

$$N_0 = \sigma_0 A_l$$

式中 σ_0——上部平均压应力设计值（N/mm²）;

$\sigma_0 = N_u/A$; N_u 为墙体所受的上部荷载；A 为墙体的总截面积；

A_l——局部受压面积。

注意

N_0 会通过砌体形成的卸载内拱而逐渐卸到梁的两边。

为了更好地理解卸载内拱效应，可参见图 4-53。这是济南大明湖畔某处的一个建筑。这个门的上面没有过梁，但门上部砌体的底部并没有破坏。为什么？

正是因为砌体的卸载内拱效应。门上砌体的荷载大部分由于内拱效应而传递到了门两侧的砌体上，底部并没有受到较大的荷载，因此未发生破坏。

（2）特点 2，梁端存在一个有效支承长度，如图 4-54 所示。

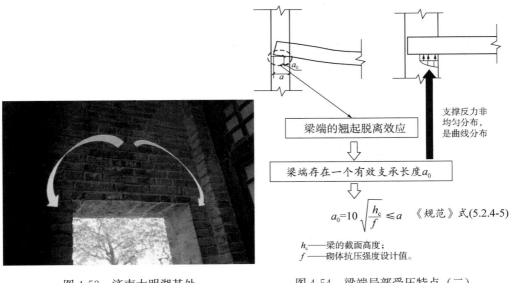

图 4-53 济南大明湖某处   图 4-54 梁端局部受压特点（二）

说 明

在有效支承长度上，砌体的支撑反力不是均匀分布的，而是曲线分布。
根据试验，梁端的有效支承长度 a_0 可按下式计算：

$$a_0 = 10\sqrt{\frac{h_c}{f}} \leqslant a \qquad 《规范》式（5.2.4-5）$$

式中 a——设计时梁的支承长度；
   a_0——有效支承长度；
   h_c——梁的截面高度；
   f——砌体抗压强度设计值。

综合以上两个特点，可得梁端局部受压承载力的验算公式如下：

$$\psi N_0 + N_l \leqslant \eta \gamma f A_l \qquad 《规范》式（5.2.4-1）$$

式中 ψ——考虑卸载拱作用的上部荷载折减系数；

$$\psi = 1.5 - 0.5\frac{A_0}{A_l} \geqslant 0 \qquad 《规范》式（5.2.4-2）$$

（注意：当 $A_0/A_l \geqslant 3$ 时，取 $\psi=0$）

$$A_l = a_0 b \qquad 《规范》式（5.2.4-4）$$

   η——梁底压应力图形完整系数，一般取 0.7，对过梁和墙梁取 1.0；
   γ、f 的意义同前。

以上参见《规范》5.2.4 条

【例题 4-3】[1]　某楼盖梁的截面尺寸为 $b \times h = 200mm \times 400mm$，支撑在某窗间墙（截面 $1200mm \times 370mm$，采用 MU10 砖、M2.5 混合砂浆砌筑）上，支承长度 $a = 240mm$，荷载设计值产生的支座反力 $N_l = 60kN$，墙体的上部荷载 $N_u = 260kN$。如图 4-55 所示。试验算梁端砌体的局部受压承载力。

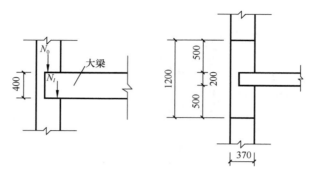

图 4-55　窗间墙局部受压示意图

解： 查《规范》表 3.2.1-1 得：$f = 1.30MPa$

根据《规范》式（5.2.4-5）：$a_0 = 10\sqrt{\dfrac{h_c}{f}} = 176mm$

$$A_l = a_0 b = 176 \times 200 = 35200mm^2$$

$$A_0 = h(2h + b) = 347800mm^2$$

根据《规范》式（5.2.2）：$\gamma = 1 + 0.35\sqrt{\dfrac{A_0}{A_l} - 1} = 2.04 > 2.0$，取 $\gamma = 2.0$

由于上部荷载 N_u 作用在整个窗间墙上，则

$$\sigma_0 = 260000/(370 \times 1200) = 0.58MPa$$

$$N_0 = \sigma_0 A_l = 0.58 \times 35200 = 20.42kN$$

由于　　　　　　　　　$A_0/A_l = 9.8 > 3$，所以 $\psi = 0$

代入《规范》式（5.2.4-1）：

$$\eta\gamma A_l f = 0.7 \times 2 \times 35200 \times 1.30 = 64064N > N_l = 60000N \quad 安全$$

【例题 4-4】[2]　某钢筋混凝土楼盖梁（截面尺寸 $b \times h = 200mm \times 400mm$）支撑于混凝土小型空心砌块砌筑的窗间墙（截面 $1200mm \times 190mm$，采用 MU10 砌块、M5 混合砂浆砌筑）上，支承长度 $a = 190mm$，荷载设计值产生的支座反力 $N_l = 60kN$，墙体的上部荷载 $N_u = 260kN$。试验算该墙体的局部受压承载力。

解： 查《规范》表 3.2.1-1 得：$f = 2.22MPa$（MU10，M5）

根据《规范》式（5.2.4-5）：$a_0 = 10\sqrt{\dfrac{h_c}{f}} = 134mm$

$$A_l = a_0 b = 134 \times 200 = 26800mm^2$$

$$A_0 = h(2h + b) = 110200mm^2$$

---

[1]　改编自参考文献 [4]。

[2]　改编自参考文献 [4]。

根据构造要求，可在墙体的梁端支承处灌实一皮砌块。

然后根据《规范》式（5.2.2）：

$$\gamma = 1 + 0.35\sqrt{\frac{A_0}{A_l} - 1} = 1.62$$

由于上部荷载 N_u 作用在整个窗间墙上，可得

$$\sigma_0 = 260000 / (190 \times 1200) = 1.14\text{MPa}$$

$$N_0 = \sigma_0 A_l = 1.14 \times 26800 = 30.552\text{kN}$$

由于 $A_0/A_l = 4.1 > 3$，所以 $\psi = 0$。

代入《规范》式（5.2.4-1）：

$$\eta\gamma A_l f = 0.7 \times 1.62 \times 26800 \times 2.22 = 67486.5\text{N} > N_l = 60000\text{N} \quad \text{安全}$$

3. 梁下设有刚性垫块时的砌体局部受压

垫块的作用在于扩大局部承压面积。垫块的设置要求如图 4-56 所示。

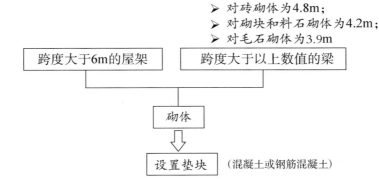

图 4-56　垫块的设置要求

说　明

　　跨度大于 6m 的屋架和跨度大于下列数值的梁，其支承下的砌体应设置混凝土或钢筋混凝土垫块，当墙中设有圈梁宜浇成整体：

（1）对砖砌体为 4.8m；

（2）对砌块和料石砌体为 4.2m；

（3）对毛石砌体为 3.9m。

以上参见《规范》6.2.7 条

垫块的构造要求如图 4-57 所示。

刚性垫块下砌体的局压承载力可按偏心受压构件计算，其承载力验算公式为：

$$N_0 + N_l \leqslant \varphi\gamma_1 f A_b \qquad 《规范》式（5.2.5-1）$$

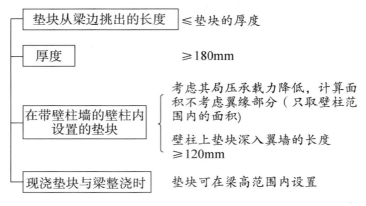

图 4-57　垫块的构造要求

式中　N_0——上部砌体传来的作用于垫块面积上纵向荷载设计值，$N_0 = \sigma_0 A_b$；

$\quad$ σ_0——前述上部平均压应力设计值：$\sigma_0 = N_u / A$；

$\quad$ N_u——墙体所受的上部荷载；

$\quad$ A——墙体的总截面积；

$\quad$ A_b——垫块的面积，$A_b = a_b b_b$；

$\quad$ a_b、b_b——垫块的长度和宽度；

$\quad$ N_l——荷载设计值产生的梁端支座反力；

$\quad$ γ_1——垫块外砌体面积的影响系数，取 $\gamma_1 = 0.8\gamma$，但不小于 1.0；γ 计算公式同前，局压面积为垫块的面积；

$$\gamma = 1 + 0.35\sqrt{\frac{A_0}{A_l} - 1} \qquad \text{《规范》式（5.2.2）}$$

$\quad$ φ——垫块上 N_0 和 N_l 的合力偏心距对承载力的影响系数。查《规范》表 D.0.1-1-1～表 D.0.1-1-3（按 $\beta \leqslant 3$ 考虑）。

查表时需要用到偏心距 e，这里指的是 N_0 和 N_l 的合力偏心距，按下式计算：

$$e = \frac{N_l e_l}{N_0 + N_l} \tag{4-19}$$

其中 e_l 为梁端荷载 N_l 对垫块重心的偏心距：

$$e_l = \frac{a_b}{2} - 0.4 a_0 \tag{4-20}$$

因为当梁支撑于墙上时，梁端支撑反力的分布也不均匀，所以：N_l 作用点到墙内边的距离可取此时梁端有效支承长度 a_0 的 0.4 倍。a_0 可按下式计算：

$$a_0 = \delta_1 \sqrt{\frac{h}{f}} \qquad \text{《规范》式（5.2.5-4）}$$

式中　h——梁的截面高度；

$\quad$ δ_1——刚性垫块的影响系数，按《规范》表 5.2.5 取值。

σ_0/f	0	0.2	0.4	0.6	0.8
δ_1	5.4	5.7	6.0	6.9	7.8

以上参见《规范》5.2.5 条1

【例题 4-5】[1] 某窗间墙的截面尺寸为 1200mm×370mm，采用 MU10 砖、M2.5 混合砂浆砌筑。其上支撑一钢筋混凝土梁，梁截面尺寸为 $b×h=200×400$mm，支承长度为 $a=240$mm，荷载设计值产生的梁端支座反力 $N_l=80$kN，墙体的上部荷载 $N_u=260$kN。试验算梁端墙体的局部受压承载力（设垫块）。

解：取用垫块尺寸为：$a_b=240$mm；$b_b=500$mm；$t_b=180$mm

设垫块后的强度验算公式为《规范》式（5.2.5-1）：$N_0+N_l \leqslant \varphi\gamma_1 A_b f$

$$A_b=a_b\,b_b=500×240=120000\text{mm}^2$$

$$A_0=370×1200=444000\text{mm}^2$$

$$\gamma=1+0.35\sqrt{\frac{A_0}{A_l}-1}=1+0.35\sqrt{\frac{444000}{120000}-1}=1.57$$

$$\gamma_1=0.8\gamma=0.8×1.57=1.26$$

$$N_l=80\text{kN};\quad N_0=\sigma_0 A_b$$

$$\sigma_0=\frac{260000}{370×1200}=0.58\text{N/mm}^2$$

$$N_0=\sigma_0 A_b=0.58×120000=69600\text{N}=69.6\text{kN}$$

$$\frac{\sigma_0}{f}=\frac{0.58}{1.3}=0.446$$

查《规范》表 5.2.5 得：$\delta_1=6.21$

$$a_0=\delta_1\sqrt{\frac{h_c}{f}}=6.21\sqrt{\frac{400}{1.3}}=109\text{mm}$$

$$e=\frac{N_l e_l}{N_0+N_l}=\frac{N_l\left(\dfrac{a_b}{2}-0.4a_0\right)}{N_0+N_l}=40.9\text{mm};\quad \frac{e}{a_b}=0.17$$

然后根据《规范》式（D.0.1-2）得：$\varphi=0.73$

$$\varphi\gamma_1 A_b f=0.73×1.26×120000×1.3=143.49\text{kN}$$

$$N_0+N_l=149.6\text{kN}$$

前者略小于后者，但相差 4%＜5%，仍可认为安全。

4.7　水平荷载作用下的斜截面抗剪承载力验算

以上计算都是针对砌体的正截面承载力进行的。但在水平荷载作用下，会出现砌体内同时有垂直压力和水平剪力的情况。试验发现，此时可能出现沿阶梯形截面的剪切破坏。

---

[1]　改编自参考文献［4］。

因此，还需要考虑这种情况下的抗剪承载力验算。

抗剪承载力验算式如下：

$$V \leqslant (f_v + \alpha\mu\sigma_0)A \qquad\qquad 《规范》式（5.5.1-1）$$

式中　V——设计剪力；

　　　A——水平截面面积；

　　　f_v——砌体抗剪设计强度；

　　　σ_0——永久荷载设计值产生的水平截面平均压应力；

　　　α——修正系数；

当 $\gamma_G = 1.2$ 时，砖砌体取 0.60，混凝土砌块砌体取 0.64；

当 $\gamma_G = 1.35$ 时，砖砌体取 0.64，混凝土砌块砌体取 0.66；

　　　μ——剪压复合受力影响系数；

当 $\gamma_G = 1.2$ 时：

$$\mu = 0.26 - 0.082\frac{\sigma_0}{f} \qquad\qquad 《规范》式（5.5.1-2）$$

当 $\gamma_G = 1.35$ 时：

$$\mu = 0.23 - 0.065\frac{\sigma_0}{f} \qquad\qquad 《规范》式（5.5.1-3）$$

　　　f——砌体的抗压强度设计值；

　　　σ_0/f——轴压比，且不大于 0.8。

以上参见《规范》5.5.1 条

第5章　砌体结构其他构件的设计

5.1　受弯构件的计算

工程背景：主要是过梁，也包括窗下墙（图 5-1）、挡土墙。

图 5-1　窗下墙

受弯构件的基本特征如图 5-2 所示。

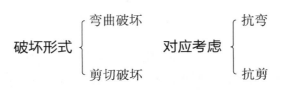

图 5-2　受弯构件的基本特征

说　明

内力特点：除了有弯矩外，一般还同时受剪力作用。
破坏形态：弯曲破坏、剪切破坏。对应需要考虑抗弯、抗剪两个问题。

✳ 5.1.1 过梁的类型

1. 砖砌过梁

砖砌过梁的类型与基本特征如图5-3所示。应用实例如图5-4～图5-15所示。

砖砌平拱

- 将砖竖立和侧立成跨越窗洞口
- 其厚度等于墙厚，高一般为240mm和370mm
- 净跨度不应超过1.2m

砖砌弧拱

- 将砖竖立和侧立砌成弧形
- 砖砌弧拱的净跨度L与矢高a有关：
  当a=(1/8~1/12)L时，L=2.5~3.0m
  当a=(1/5~1/6)L时，L=3.0~40m

砖砌过梁

整体性差，怕不均匀沉降和振动荷载

图5-3 砖砌过梁的类型

图5-4 山东大学洪楼校区某建筑的砖砌平拱过梁

图5-5 山东建筑大学校内老别墅的砖砌平拱过梁

图 5-6　山东大学齐鲁医院某建筑的砖砌平拱过梁（一）

图 5-7　山东大学齐鲁医院某建筑的砖砌平拱过梁（二）

图 5-8　山东大学齐鲁医院某建筑的砖砌弧拱过梁

图 5-9　济南趵突泉公园万竹园　　　　图 5-10　济南老舍故居处的
内老建筑的砖砌弧拱过梁　　　　　　　　　　砖砌弧拱过梁

图 5-11　山东威海刘公岛上海军衙门内的某砖砌弧拱过梁

图 5-12　济南某处的砖砌弧拱过梁

图 5-13　英国某建筑的砖
砌弧拱过梁（供图：刘明玥）

图 5-14　法国卢浮宫内的弧拱过梁

图 5-15　缅北某处弧拱
过梁（供图：贾治龙）

图 5-16　某钢筋混凝土过梁（供图：丁和）

图 5-17　济南某建筑填充墙的钢筋混凝土过梁

2. 钢筋砖过梁

钢筋砖过梁在门窗口上方，将砖与墙体一样平砌，在下皮或两皮砖内配以 6～8mm 的钢筋。

3. 钢筋混凝土过梁

即用普通的钢筋混凝土梁作为过梁使用。应用实例如图 5-16、图 5-17 所示。

4. 过梁的选用

如图 5-18 所示。

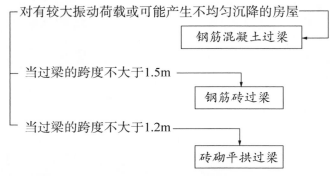

图 5-18　过梁的选用

说　明

（1）对有较大振动荷载或可能产生不均匀沉降的房屋，应采用钢筋混凝土过梁；
（2）当过梁的跨度不大于 1.5m 时，可采用钢筋砖过梁；
（3）当过梁的跨度不大于 1.2m 时，可采用砖砌平拱过梁。

以上参见《规范》7.2.1 条

✳ 5.1.2　计算方法

1. 抗弯承载力计算

$$M \leqslant f_{tm}W \qquad 《规范》式（5.4.1）$$

式中　M——弯矩设计值；

　　　f_{tm}——砌体弯曲抗拉强度设计值；

　　　W——截面抵抗矩，$w = \dfrac{I}{y_{max}}$。

以上参见《规范》5.4.1 条

2. 抗剪承载力计算

$$V \leqslant f_{v}bz \qquad 《规范》式（5.4.2-1）$$

式中　V——剪力设计值；

f_v——砌体抗剪强度设计值；

b——截面宽度；

z——内力臂；

$$z = I/S \qquad\qquad （《规范》式 5.4.2-2）$$

S——截面面积矩；

I——截面惯性矩。

对于矩形截面：$z = 2h/3$，h 为截面高度。

以上参见《规范》5.4.2 条

✳ 5.1.3　砖砌过梁的计算

1. 过梁上的荷载

过梁上的荷载如图 5-19 所示。

图 5-19　过梁上的荷载

过梁和墙体实际存在复杂的组合作用，《规范》中作如下简化处理：

（1）墙体荷载

砖砌体过梁上的墙体荷载如图 5-20 所示。

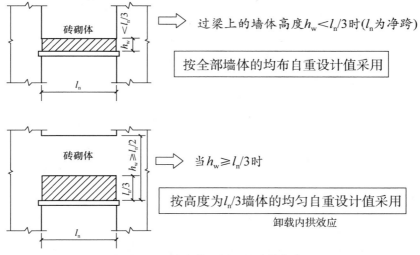

图 5-20　砖砌体过梁上的墙体荷载

以上参见《规范》7.2.2 条第 2 款

混凝土砌块砌体过梁上的墙体荷载如图 5-21 所示。

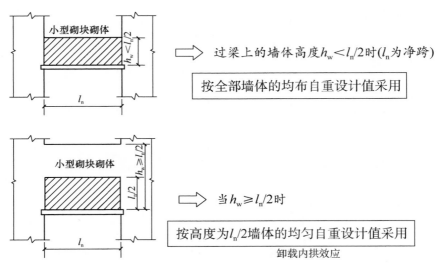

图 5-21　混凝土砌块砌体过梁上的墙体荷载

以上参见《规范》7.2.2条第3款

（2）梁、板荷载

过梁上的梁、板荷载如图 5-22 所示。

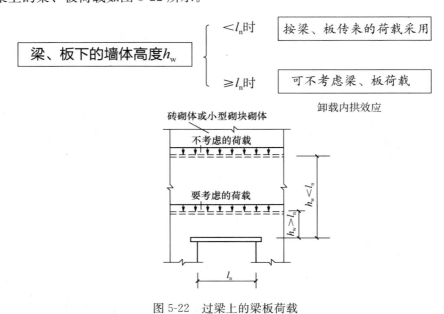

图 5-22　过梁上的梁板荷载

以上参见《规范》7.2.2条第1款

2. 砖砌过梁的破坏特征

破坏特征如图 5-23 所示。

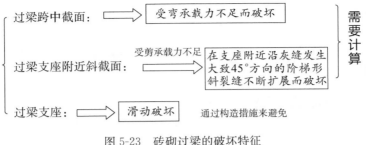

图 5-23　砖砌过梁的破坏特征

3. 砖砌过梁的计算

如图 5-24 所示。

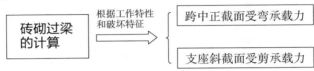

内力按简支梁计算（计算跨度取净跨）

计算方法同《规范》5.4.1条、5.4.2条

图 5-24　砖砌过梁的计算

说　明

　　根据工作特性和破坏特征，进行<u>跨中正截面受弯承载力</u>和<u>支座斜截面受剪承载力</u>验算。计算方法参见《规范》5.4.1条、5.4.2条。

注意

砂浆强度为 M10 时，可不再单独验算抗剪强度。

✳ 5.1.4　钢筋砖过梁的计算

内力按简支梁计算（计算跨度取净跨）。

1. 抗弯计算

$$M \leqslant 0.85 f_y A_s h_0 \qquad \text{《规范》式（7.2.3）}$$

式中　M——设计弯矩；

　　　f_y——受拉钢筋的抗拉设计强度；

　　　A_s——受拉钢筋的面积；

　　　h_0——过梁截面的有效高度，$h_0 = h - a_s$；

　　　h——过梁截面的计算高度，取过梁顶面以上的墙体高度，但不大于 $l_n/3$；当考虑梁、板传来的荷载时，则按梁板下的高度采用；

　　　a_s——受拉钢筋中心至截面下边缘的距离。

2. 抗剪计算

同砖砌平拱过梁。

✳ 5.1.5 钢混过梁的计算

钢混过梁（图5-25）的计算内容与要点如图5-26所示。

图5-25 某钢混过梁（供图：宋本腾）

承载力计算 ── 同一般的钢筋混凝土梁

按受弯构件 ── 跨中正截面受弯承载力
支座斜截面受剪承载力

梁端支撑处砌体的局部受压验算 ── 同第4章方法

不考虑上层荷载的影响；

梁端底面压应力图形完整系数取1.0；

梁端翘起效应

梁端的有效支承长度取实际支承长度，但不超过墙厚，即 $a_0=a<h$。

图5-26 钢混过梁的计算

说 明

（1）承载力按照混凝土受弯构件计算（包括跨中正截面承载力和支座斜截面承载力）。

（2）还需要验算过梁下砌体局部受压承载力，此时：①可不考虑上层荷载的影响；②梁端底面压应力图形完整系数可取1.0；③梁端有效支承长度可取实际支承长度，但不应大于墙厚。

以上参见《规范》7.2.3条第3款

✳ 5.1.6 过梁的构造要求

过梁构造要求如图 5-27 所示。

砖砌过梁 —— 砂浆≥M5

砖砌平拱过梁 —— 用竖砖砌筑部分的高度≥240mm

钢筋砖过梁

底面砂浆层处的钢筋
- 直径：≥5mm
- 间距：≤120mm
- 伸入支座砌体内的长度：≥240mm
- 砂浆层的厚度：≥30mm

钢筋混凝土过梁 —— 端部的支承长度≥240mm

图 5-27 过梁的构造要求

以上参见《规范》7.2.4 条

5.2 轴心受拉构件的计算

工程背景：小型圆形水池（图 5-28，图 5-29）或筒仓等结构。

在液体或松散物料的侧向力作用下，池壁或筒壁内只产生环向拉力。

图 5-28 某圆形水池（一）

图 5-29 某圆形水池（二）

计算公式如下：

$$N_t \leqslant Af_t \qquad \text{《规范》式（5.3.1）}$$

式中　N_t——轴心拉力设计值；

　　　f_t——砌体抗拉强度设计值；

　　　A——受拉构件截面积。

显然，砌体构件的抗拉能力弱，承载力低。

5.3　圈　　梁

定义：在墙体内连续设置并形成水平封闭状的钢筋混凝土梁或钢筋砖梁。如图 5-30 所示。

跨越门窗洞口的圈梁，配筋若不少于过梁的配筋时，可兼作过梁。

图 5-30　某砌体结构的圈梁（河南项城某处）

✳ 5.3.1　主要作用

如图 5-31 所示。

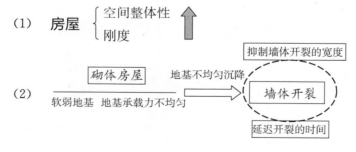

(3)　较大振动荷载对墙体产生的不利影响

图 5-31　圈梁的主要作用

圈梁可增加砌体结构房屋的空间整体性和刚度。

建筑在软弱地基或地基承载力不均匀的砌体房屋，可能会因地基的不均匀沉降而在墙体中出现裂缝，设置圈梁后，可抑制墙体开裂的宽度或延迟开裂的时间，还可有效地消除或减弱较大振动荷载对墙体产生的不利影响。

✳ 5.3.2　圈梁的布置

圈梁的布置方案应根据地基情况、房屋的类型、层数以及所受的振动荷载等情况决定。具体规定如下：

1. 厂房、仓库、食堂等空旷的单层房屋

如图 5-32 所示。

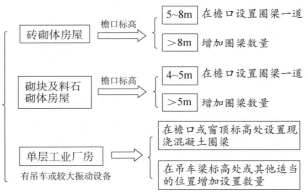

图 5-32　单层空旷房屋设置圈梁的规定

可见对砖砌体房屋的要求要低于砌块及料石砌体房屋。

（1）砖砌体房屋，檐口标高为 5~8m 时，应在檐口设置圈梁一道；檐口标高大于 8m 时，应增加设置数量。

（2）砌块及料石砌体房屋，檐口标高为 4~5m 时，应在檐口标高设置圈梁一道；檐口标高大于 5m 时，应增加设置数量。

（3）对有吊车或较大振动设备的单层工业厂房，当未采取有效的隔震措施时，除在檐口或窗顶标高处设置现浇钢筋混凝土圈梁外，尚应增加设置数量。

以上参见《规范》7.1.2 条

2. 多层砌体工业厂房

应每层设置现浇钢筋混凝土圈梁。

以上参见《规范》7.1.3条

3. 住宅、办公楼等多层砌体民用房屋

当层数为3~4层时，应在檐口标高处设置圈梁一道。当层数超过4层时，应在所有纵横墙上隔层设置。作为反例的实际工程可参见图5-33~图5-35。

图 5-33　反例一：某私建房屋（无圈梁）

图 5-34　反例二：某私建房屋（无圈梁）

图 5-35　反例三：某房屋（无圈梁）

以上参见《规范》7.1.3条

4. 设置墙梁的多层砌体房屋

应在托梁、顶面和檐口标高处设置现浇混凝土圈梁，其他楼盖处应在所有纵横墙每层设置。

以上参见《规范》7.1.3条

5. 采用现浇钢筋混凝土楼（屋）盖的多层砌体结构房屋

圈梁的设置规定如图 5-36 所示。

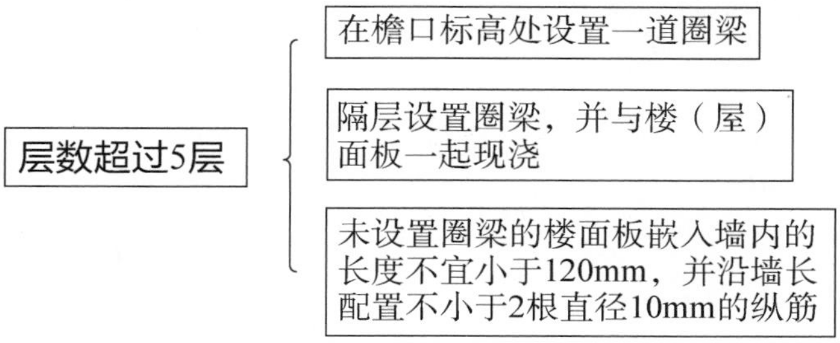

层数超过5层：
- 在檐口标高处设置一道圈梁
- 隔层设置圈梁，并与楼（屋）面板一起现浇
- 未设置圈梁的楼面板嵌入墙内的长度不宜小于120mm，并沿墙长配置不小于2根直径10mm的纵筋

图 5-36　多层砌体结构房屋的圈梁设置规定

说　明

当层数超过 5 层时，除在檐口标高处设置一道圈梁外，可隔层设置圈梁，并与楼（屋）面板一起现浇。未设置圈梁的楼面板嵌入墙内的长度不宜小于 120mm，并沿墙长配置不少于 2 根直径 10mm 的纵向钢筋。

以上参见《规范》7.1.6条

6. 建筑在软弱地基或不均匀地基上的砌体房屋

除应按以上有关规定设置圈梁外，尚应符合《建筑地基基础设计规范》GB 50007 有关圈梁设置的规定。

以上参见《规范》7.1.4条

✳ 5.3.3　圈梁的构造要求

构造要求如图 5-37 所示。

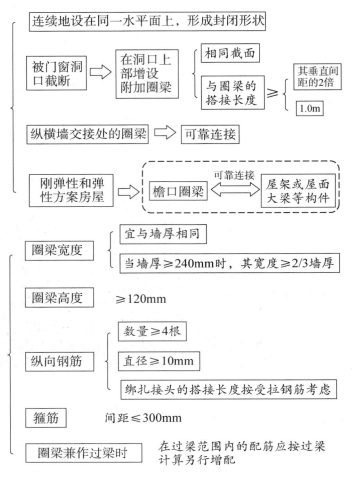

图 5-37　圈梁的构造要求

（1）圈梁宜连续地设在同一水平面上，并形成封闭形状。当圈梁被门窗洞口截断时，应在洞口上部增设相同截面的附加圈梁。附加圈梁与圈梁的搭接长度不应小于其垂直间距的 2 倍，且不小于 1.0m。

（2）纵横墙交接处的圈梁应有可靠连接。在刚弹性和弹性方案房屋中，檐口圈梁与屋架或屋面大梁等构件应可靠连接。

（3）混凝土圈梁的宽度宜与墙厚相同，当墙厚不小于 240mm 时，其宽度不宜小于墙厚的 2/3。圈梁高度不应小于 120mm。纵向钢筋数量不应少于 4 根，直径不应小于 10mm，绑扎接头的搭接长度按受拉钢筋考虑，箍筋间距不应大于 300mm。

（4）圈梁兼作过梁时，在过梁范围内的配筋应按过梁计算另行增配。

以上参见《规范》7.1.5 条

✵ 5.3.4 设圈梁时的局部受压计算（支撑楼盖中的梁引起）

此时圈梁相当于垫梁，受力上类似于弹性地基梁。

梁上的压应力分布与梁的抗弯刚度、砌体的压缩刚度有关。

局部受压按下式计算：

$$N_0 + N_l \leqslant 2.4\delta_2 f b_b h_0 \qquad \text{《规范》式 (5.2.6-1)}$$

式中 N_0——垫梁上部轴向力设计值，$N_0 = \pi b_b h_0 \sigma_0 / 2$；

      N_l——荷载设计值产生的梁端支座反力；

      b_b——垫梁在墙厚方向的宽度；

      δ_2——当荷载沿墙厚方向均匀分布时取 1.0，不均匀分布时取 0.8；

      h_0——垫梁折算厚度，$h_0 = 2\sqrt[3]{\dfrac{E_b I_b}{Eh}}$；

 E_b、I_b——分别为垫梁的混凝土弹性模量和截面惯性矩；

      E——砌体的弹性模量；

      h——墙厚。

以上参见《规范》5.2.6条

各种局部受压下的计算公式汇总如图 5-38 所示。

局部均匀受压的承载力计算公式：

$$N_l \leqslant \gamma f A_l$$

梁端局部受压承载力计算公式：

$$\psi N_0 + N_l \leqslant \eta \gamma f A_l$$

梁下设有刚性垫块时的砌体局部受压承载力计算公式：

$$N_0 + N_l \leqslant \varphi \gamma_1 f A_b$$

设圈梁时的局部受压承载力计算公式：

$$N_0 + N_l \leqslant 2.4\delta_2 f b_b h_0$$

图 5-38 各种局部受压下的计算公式汇总

5.4 挑梁与悬挑构件

✵ 5.4.1 挑梁

一端嵌固在砌体中的悬挑式钢筋混凝土梁，比如阳台挑梁（图 5-39，图 5-40）。

图 5-39　济南某两处建筑的阳台挑梁

图 5-40　广州某处建筑的挑梁（供图：杨俊文）

1. 挑梁的破坏形式

挑梁的破坏形式如图 5-41 所示。

➤ 挑梁的正截面受弯破坏或斜截面受剪破坏　　　计算

➤ 挑梁倾覆破坏

➤ 挑梁下砌体的局部受压破坏　　　验算

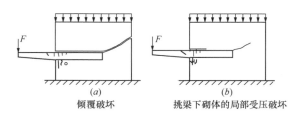

(a) 倾覆破坏　　　(b) 挑梁下砌体的局部受压破坏

图 5-41　挑梁的破坏形式

说　明

挑梁的破坏形式包括三种：（1）挑梁的正截面受弯破坏或斜截面受剪破坏；（2）挑梁倾覆破坏；（3）挑梁下砌体的局部受压破坏。

第一种需要进行的是计算，后两种需要进行的是验算。

2. 挑梁的设计

(1) 挑梁的受弯和受剪承载力计算

挑梁的最大弯矩设计值和最大剪力设计值：

$$M_{max} = M_0 \qquad\qquad 《规范》式（7.4.5-1）$$

$$V_{max} = V_0 \qquad\qquad 《规范》式（7.4.5-2）$$

式中 M_0——挑梁的荷载设计值对计算倾覆点产生的倾覆力矩，计算倾覆点的位置由其至墙外边缘的距离 x_0 确定。x_0 按《规范》7.4.2 条采用：

　　　当 $l_1 \geqslant 2.2h_b$ 时，$x_0 = 0.3h_b$，且不大于 $0.13l_1$；

　　　当 $l_1 < 2.2h_b$ 时，$x_0 = 0.13l_1$；

　　当挑梁下有混凝土构造柱或垫梁时，计算倾覆点到墙外边缘的距离可取 $0.5x_0$；

　　V_0——挑梁的荷载设计值在挑梁墙外边缘截面产生的剪力。

以上参见《规范》7.4.5 条

(2) 抗倾覆验算

$$M_{ov} \leqslant M_r \qquad\qquad 《规范》式（7.4.1）$$

式中 M_r——挑梁的抗倾覆力矩设计值，根据《规范》7.4.3 条，$M_r = 0.8G_r(l_2 - x_0)$；

　　G_r——挑梁的抗倾覆荷载，为挑梁尾端上部 45° 扩展角的阴影范围内（其水平长度为 l_3）内本层的砌体与楼面恒荷载标准值之和（《规范》图 7.4.3）；当上部楼层无挑梁时，抗倾覆荷载中可计及上部楼层的楼面永久荷载；

　　l_2——G_r 作用点至墙边缘的距离；

　　l_1——挑梁埋入砌体墙中的长度；

　　h_b——挑梁的截面高度。

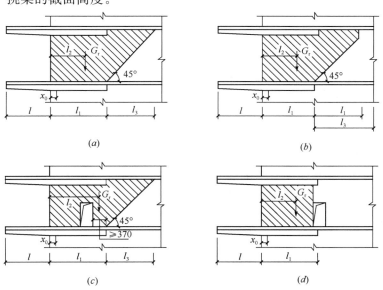

(a) $\qquad\qquad$ (b)

(c) $\qquad\qquad$ (d)

《规范》图 7.4.3　挑梁的抗倾覆荷载

以上参见《规范》7.4.1 条

（3）挑梁下砌体的局压验算

$$N_l \leqslant \eta \gamma f A_l \qquad 《规范》式（7.4.4）$$

式中　N_l——挑梁下的支承压力，可取 $N_l = 2R$，R 为挑梁的倾覆荷载设计值；

　　　η——梁端底面压应力图形的完整系数，可取 0.7（考虑两端翘起效应）；

　　　γ——砌体局压强度提高系数，一字形时取 1.25；丁字形时取 1.5；

　　　A_l——挑梁下局部受压面积，可取 $A_l = 1.2 b h_b$，b 为挑梁的截面宽度，h_b 为挑梁的截面高度。

以上参见《规范》7.4.4 条

3. 挑梁的构造要求

挑梁构造要求如图 5-42 所示。

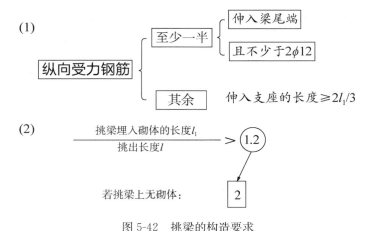

图 5-42　挑梁的构造要求

说　明

挑梁设计除应符合现行《混凝土结构设计规范》的有关规定之外，尚应满足以下要求：

（1）纵向受力钢筋至少应有 1/2 的钢筋面积伸入梁尾端，且不少于 $2\phi12$。其余钢筋伸入支座的长度不应小于 $2l_1/3$；

（2）挑梁埋入砌体的长度 l_1 与挑出长度 l 之比宜大于 1.2；当挑梁上无砌体时，l_1 与挑出长度 l 之比宜大于 2。

以上参见《规范》7.4.6 条

✳ 5.4.2　悬挑构件

主要指的是雨篷、飘窗、空调板等，如图 5-43～图 5-46 所示。

图 5-43 雨篷

图 5-44 山东大学齐鲁医院某处的雨篷

图 5-45 某处的雨篷

图 5-46 山东平度江山帝景项目某楼
的空调板（供图：何清耀）

雨篷这类悬挑构件的计算基本同挑梁，按以上方法进行抗倾覆验算，只是抗倾覆荷载 G_r 的取值不同，G_r 按《规范》图 7.4.7 取用。

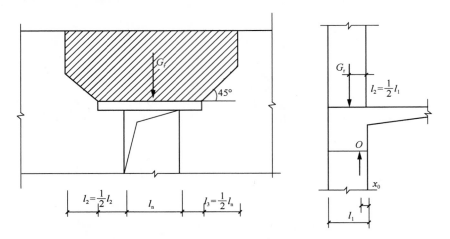

《规范》图 7.4.7　雨篷的抗倾覆荷载

注：l_1—墙厚；l_2—G_r 距墙外边缘的距离，为墙厚的 1/2；l_3—门窗洞口净跨的 1/2

以上参见《规范》7.4.7 条

第 6 章　配筋砌体构件的承载力计算

6.1　网状配筋砖砌体

基本构造如图 6-1 所示。

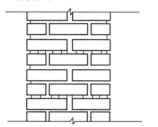

图 6-1　网状配筋砌体

水平网状配筋对砌体承载力的影响如图 6-2 所示。

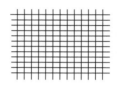

①约束：砂浆和砖的横向变形 $\Longrightarrow$ 砌体竖向抗压承载力（间接提高）

②延缓：砖块的开裂及其裂缝的发展

③阻止：竖向裂缝的上下贯通

（避免）砖砌体被分裂成小柱导致失稳破坏

（提高）砖砌体轴压和小偏心抗压承载力

图 6-2　水平网状配筋对砌体承载力的影响

✳ 6.1.1　网状配筋砖砌体构件的受压性能

实验得到受压时的破坏形态如图 6-3 所示。

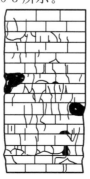

图 6-3　受压时的破坏形态

进一步分析发现其受压特征如图 6-4 所示。

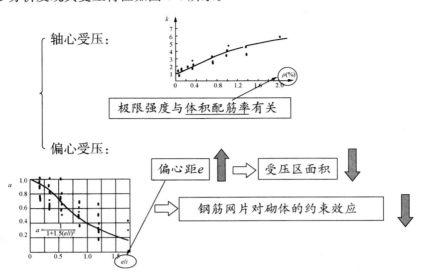

图 6-4　网状配筋砖砌体构件的受压特征

✷ 6.1.2　受压承载力计算

计算公式：

$$N \leqslant \varphi_n f_n A \qquad 《规范》式（8.1.2-1）$$

式中　　　　　N——轴向力设计值；

　　　　　　　A——砖砌体截面面积；

　　　　　　　f_n——网状配筋砖砌体的抗压强度设计值，按下式计算：

$$f_n = f + 2\left(1 - 2\frac{2e}{y}\right)\frac{\rho}{100} f_y \qquad 《规范》式（8.1.2-2）$$

　　　　　　　f——砖砌体的抗压强度设计值；

　　　　　　　e——轴向力的偏心距；

　　　　　　　ρ——体积配筋率，可按下式计算：

$$\rho = \left(\frac{V_s}{V}\right)100 \quad （V_s、V ——钢筋和砌体的体积）$$

或 $\rho = 2A_n/aS_n$（A_n—钢筋面积，a—网眼尺寸，S_n—沿高度配筋距离）

y——截面重心到轴向力所在偏心方向截面边缘的距离;

f_y——钢筋的抗拉强度设计值,$f_y \leq 320\mathrm{MPa}$;

φ_n——影响系数,计算时要考虑高厚比 β 和初始偏心距 e 对承载力的影响,按下式计算:

$$\varphi_n = \cfrac{1}{1 + 12\left[\cfrac{e}{h} + \sqrt{\cfrac{1}{12}\left(\cfrac{1}{\varphi_{on}} - 1\right)}\right]^2} \qquad 《规范》式(D.0.2\text{-}1)$$

其中稳定系数:

$$\varphi_{on} = \cfrac{1}{1 + (0.0015 + 0.45\rho)\beta^2} \qquad 《规范》式(D.0.2\text{-}2)$$

以上参见《规范》8.1.2 条

✴ 6.1.3 使用范围

水平网状配筋砖砌体受压构件使用范围应符合如图 6-5 所示的规定。

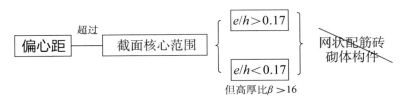

图 6-5 水平网状配筋砖砌体受压构件的使用范围

说 明

偏心距超过截面核心范围,不宜采用网状配筋砖砌体构件(矩形截面 $e/h > 0.17$;或者 $e/h < 0.17$,但构件高厚比 $\beta > 16$)。

另外,需要注意的计算要点如图 6-6 所示。

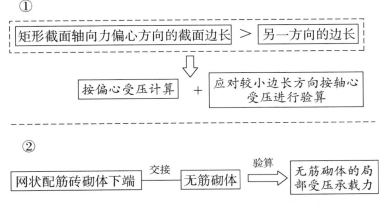

图 6-6 水平网状配筋砖砌体受压构件的计算要点

说　明

（1）矩形截面轴向力偏心方向的截面边长大于另一方向的边长时，除按偏心受压计算外，还应对较小边长方向按轴心受压进行验算。

（2）当网状配筋砖砌体下端与无筋砌体交接时，尚应验算无筋砌体的局部受压承载力。

以上参见《规范》8.1.1条

✳ 6.1.4　构造要求

构造要求如图 6-7 所示。

➤ 体积配筋率：　　　　　≥0.1%，并≤1%

➤ 采用钢筋网时：　　　　钢筋直径宜采用3~4mm

➤ 钢筋网中钢筋的间距：　≤120mm，并≥30mm

➤ 钢筋网的间距：　≤5皮砖，并≤400mm

➤ 所用砂浆：
　　➤ ≥M7.5；
　　➤ 钢筋网应设置在砌体的水平灰缝中，灰缝厚度应保证钢筋上下至少各有2mm厚的砂浆层

图 6-7　网状配筋砖砌体的构造要求

以上参见《规范》8.1.3条

【例题 6-1】某砖柱（采用 MU10 砖、M5 混合砂浆砌筑）截面尺寸为 370mm×490mm，计算高度 H_0＝3.92m，承受轴力 N＝223.2kN，在柱的长边方向作用有弯矩 M＝12.41kN·m。试验算此砖柱的承载力。如承载力不够，请按网状配筋砌体设计此柱。

解：（1）按无筋砌体偏压构件计算

查《规范》表 3.2.1-1 可得 MU10 砖、M5 混合砂浆砌体的抗压设计强度 f $=1.58$MPa。

$$A=370\text{mm}\times490\text{mm}=0.1813\text{m}^2<0.3\text{m}^2$$

所以，f 应乘上调整系数 $0.7+0.1813=0.8813$。

$$\beta=\frac{H_0}{h}=\frac{3920}{490}=8 \text{ ; } e=\frac{M_k}{N_k}=\frac{12.41\times1000}{223.2}=55.6\text{mm} \text{; } \frac{e}{h}=\frac{55.6}{490}=0.113$$

根据《规范》式（D.0.1-2）得：$\varphi=0.684$

然后，得无筋砌体的承压能力为

$$\varphi Af=0.684\times0.1813\times10^6\times0.8813\times1.58=172.7\text{kN}<N=223.2\text{kN}$$

可见，不符合要求。

（2）按网状配筋砌体设计

$e/h=0.113<0.17$，$\beta=8<17$，材料为 MU10 砖、M5 混合砂浆，符合网状配筋砌体要求。

用 $\phi4$ 冷拔低碳钢丝，方格网间距 a 取 50mm，方格网采用焊接，$S_n=26$cm，则配筋率：

$$\rho=\frac{2A_s}{aS_n}\times100=\frac{2\times0.126}{5\times26}\times100=0.19$$

网状配筋砖柱的抗压强度：

$$f_n=f\times0.8813+2\left(1-\frac{2e}{y}\right)\frac{\rho}{100}f_y=2.05\text{MPa}$$

由 $e/h=0.113$，$\beta=8$，配筋率 0.19，按《规范》式（D.0.2-1）算得：$\varphi_n=0.623$

承载力为：

$$\varphi_n Af_n=0.623\times0.1813\times10^6\times2.05=231.5\text{kN}>N=223.2\text{kN}$$

可见，符合要求。

（3）沿短边方向按轴心受压进行验算

$$\rho=0.19, \beta=\frac{H_0}{h}=\frac{392}{39}=10.6$$

$e/h=0$，同样算得：$\varphi_n=0.8675$

承载力为：

$$\varphi_n Af_n=0.8675\times0.1813\times10^6\times2.05=322.4\text{kN}>N=223.2\text{kN}$$

可见，符合要求。

6.2 组合砖砌体构件之一（砖砌体和钢筋混凝土面层或钢筋砂浆面层组成）

构造如图 6-8 所示。

适用情况如图 6-9 所示。

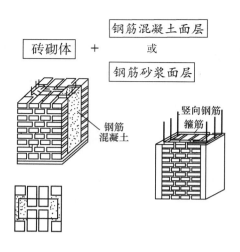

图 6-8　构造示意图

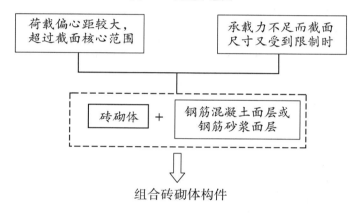

图 6-9　砖砌体和钢筋混凝土面层或钢筋砂浆面层组合砌体的适用情况

说　明

　　当荷载偏心距较大超过截面核心范围，无筋砖砌体承载力不足而截面尺寸又受到限制时，可采用砖砌体和钢筋混凝土面层或钢筋砂浆面层组成的组合砖砌体构件。

以上参见《规范》8.2.1条

组合砖砌体能显著改善砌体的抗弯性能、抗压性能、延性。

　　注意
　　根据《规范》8.2.2条，对于砖墙和组合砌体一同砌筑的 T 形截面构件，为简化计算可按矩形截面组合砌体计算。

研究方法：同样是基于试验。下面分两种情况进行介绍。

✷ 6.2.1 轴心受压

轴心受压情况如图 6-10 所示。

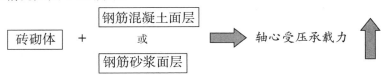

图 6-10 轴心受压时的情况

受力特征如图 6-11 所示。

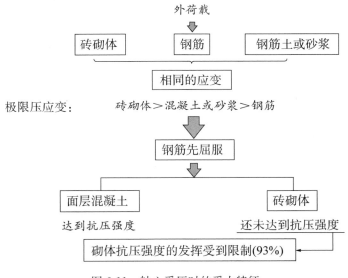

图 6-11 轴心受压时的受力特征

承载力计算公式为：

$$N \leqslant \varphi_{com}(fA + f_cA_c + \eta_sA'_sf'_y) \qquad 《规范》式（8.2.3）$$

式中　φ_{com}——组合砖砌体构件的稳定系数，查《规范》表 8.2.3；

　　　A——砖砌体的截面面积；

　　　f_c——混凝土或面层砂浆的轴心抗压强度设计值，砂浆的轴心抗压强度设计值可取为同强度等级混凝土的轴心抗压强度设计值的 70%，当砂浆为 M15 时，取 5.2MPa；当砂浆为 M10 时，取 3.5MPa；当砂浆为 M7.5 时，取 2.6MPa；

　　　A_c——混凝土或砂浆面层的截面面积；

　　　η_s——受压钢筋的强度系数，当为混凝土面层时，可取 1.0；当为砂浆面层时，可取 0.9；

　　　f'_y——钢筋的抗压强度设计值；

　　　A'_s——受压钢筋的截面面积。

《规范》表 8.2.3　组合砖砌体构件的稳定系数 φ_{com}

高厚比 β	配筋率 ρ					
	0	0.2	0.4	0.6	0.8	≥1.0
8	0.91	0.93	0.95	0.97	0.99	1.00
10	0.87	0.90	0.92	0.94	0.96	0.98
12	0.82	0.85	0.88	0.91	0.93	0.95
14	0.77	0.80	0.83	0.86	0.89	0.92
16	0.72	0.75	0.78	0.81	0.84	0.87
18	0.67	0.70	0.73	0.76	0.79	0.81
20	0.62	0.65	0.68	0.71	0.73	0.75
22	0.58	0.61	0.64	0.66	0.68	0.70
24	0.54	0.57	0.59	0.61	0.63	0.65
26	0.50	0.52	0.54	0.56	0.58	0.60
28	0.46	0.48	0.50	0.52	0.54	0.56

以上参见《规范》8.2.3 条

✳ 6.2.2　偏心受压

偏心受压时的受力特征如图 6-12 所示。

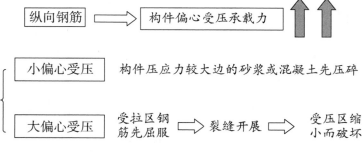

图 6-12　偏心受压时的受力特征

说　明

由于配了纵向钢筋，构件偏心受压承载力大大提高。会有两种破坏形态：

（1）小偏心受压：构件压应力较大边的砂浆或混凝土先压碎；

（2）大偏心受压：受拉区钢筋先达到屈服，裂缝开展使受压区缩小而破坏；

根据《规范》8.2.4条，承载力计算公式为：

$$N \leqslant fA' + f_c A'_c + \eta_s A'_s f'_y - \sigma_s A_s \qquad 《规范》式（8.2.4-1）$$

或

$$Ne_N \leqslant fS_s + f_c S_{c,s} + \eta_s A'_s f'_y (h_0 - a'_s) \qquad 《规范》式（8.2.4-2）$$

此时受压区的高度 x 可按下列公式确定：

$$fS_N + f_c S_{c,N} + \eta_s A'_s f'_y e'_N - \sigma_s A_s e_N = 0 \qquad 《规范》式（8.2.4-3）$$

式中　A_s——距轴向力 N 较远侧钢筋的截面面积；

　　　A'——砖砌体受压部分的面积；

　　　A'_c——混凝土或砂浆面层受压部分的面积；

　　　S_s——砖砌体受压部分的面积对钢筋 A_s 重心的面积矩；

　　　$S_{c,s}$——混凝土或砂浆面层受压部分的面积对钢筋 A_s 重心的面积矩；

　　　S_N——砖砌体受压部分的面积对轴向力 N 作用点的面积矩；

　　　$S_{c,N}$——混凝土或砂浆面层受压部分的面积对轴向力 N 作用点的面积矩；

e_N、e'_N——钢筋 A_s 和 A'_s 重心至轴向力 N 作用点的距离；

$$e_N = e + e_a - \left(\frac{\eta}{2} - a\right) \qquad 《规范》式（8.2.4-4）$$

$$e'_N = e + e_a - \left(\frac{h}{2} - a'\right) \qquad 《规范》式（8.2.4-5）$$

　　　e——轴向力的初始偏心距，按荷载设计值计算。当 e 小于 $0.05h$ 时，应取 e 等于 $0.05h$；

　　　e_a——组合砖砌体构件在轴向力作用下的附加偏心距；

$$e_a = \frac{\beta^2 h}{2200}(1 - 0.022\beta) \qquad 《规范》式（8.2.4-6）$$

　　　h_0——组合砖砌体构件截面的有效高度，取 $h_0 = h - a_s$；

a_s，a'_s——钢筋 A_s 和 A'_s 重心至截面较近边的距离。

　　　σ_s——距轴向力 N 较远一侧钢筋 A_s 的应力，按下列规定计算：

根据《规范》8.2.5条第1款，小偏心受压时

$$\xi > \xi_b$$

$$\sigma_s = 650 - 800\xi \qquad 《规范》式（8.2.5-1）$$

$$-f_y \leqslant \sigma_s \leqslant f_y$$

根据《规范》8.2.5条第2款，大偏心受压时（A_s 受拉屈服）

$$\sigma_s = f_y \qquad 《规范》式（8.2.5-2）$$

$$\xi < \xi_b \qquad\qquad 《规范》式（8.2.5-3）$$

ξ——组合砖砌体构件截面受压区的相对高度；

f_y——钢筋抗拉强度设计值。

> **注意**
>
> 根据《规范》8.2.5 条第 3 款，组合砖砌体受压区相对高度的界限值：
>
> ξ_b（HRB400）＝0.36；ξ_b（HRB335）＝0.44；ξ_b（HPB300）＝0.47。

✳ 6.2.3 轴压和偏压的判别条件

判别条件为初始偏心 e（$e＝M/N$）是否大于 $0.05h$：

（1）若 $e＞0.05h$，则按偏心受压计算；

（2）否则，仍按轴心受压计算。

✳ 6.2.4 构造规定

如图 6-13 所示。

①
面层混凝土：　　　C20

面层水泥砂浆：　≥M10

砌筑砂浆：　　　≥M7.5

- -

② 砂浆面层的厚度：可采用30~45mm

面层厚度＞45mm：宜采用混凝土

- -

③ 竖向受力钢筋：
　　砂浆面层：宜采用HPB300级钢筋
　　混凝土面层：可采用HRB335级钢筋

受压钢筋一侧的配筋率：
　　砂浆面层：≥0.1%
　　混凝土面层：≥0.2%

受拉钢筋的配筋率　　≥0.1%

竖向受力钢筋的直径　≥8mm

钢筋的净间距　　　　≥30mm

- -

图 6-13　构造规定

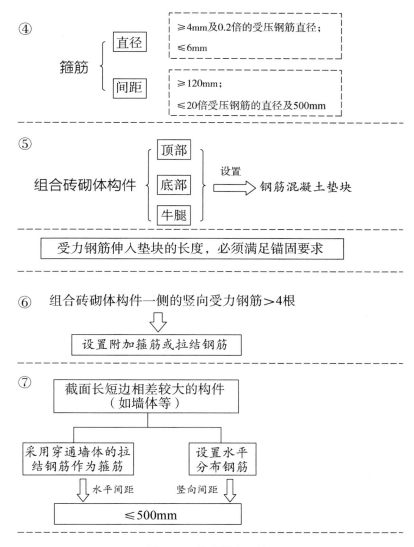

④ 箍筋 — 直径 — ≥4mm及0.2倍的受压钢筋直径；
　　　　　　　　≤6mm
　　　　　间距 — ≥120mm；
　　　　　　　　≤20倍受压钢筋的直径及500mm

⑤ 组合砖砌体构件 — 顶部 / 底部 / 牛腿 — 设置 ⟹ 钢筋混凝土垫块

受力钢筋伸入垫块的长度，必须满足锚固要求

⑥ 组合砖砌体构件一侧的竖向受力钢筋＞4根
⟱
设置附加箍筋或拉结钢筋

⑦ 截面长短边相差较大的构件（如墙体等）
— 采用穿通墙体的拉结钢筋作为箍筋　水平间距
— 设置水平分布钢筋　竖向间距
≤500mm

图 6-13　构造规定（续）

说　明

（1）面层混凝土强度等级宜采用 C20，面层水泥砂浆强度等级不宜低于 M10，砌筑砂浆不宜低于 M7.5。

（2）砂浆面层的厚度，可采用 30～45mm。当面层厚度大于 45mm 时，其面层宜采用混凝土。

（3）竖向受力钢筋宜采用 HPB300 级钢筋，对于混凝土面层，亦可采用 HRB335 级钢筋。

受压钢筋一侧的配筋率，对砂浆面层，不宜小于 0.1%，对混凝土面层，不宜小于 0.2%。

受拉钢筋的配筋率，不应小于 0.1%。

竖向受力钢筋的直径，不应小于 8mm，钢筋的净间距，不应小于 30mm。

（4）箍筋的直径，不宜小于 4mm 及 0.2 倍的受压钢筋直径，并不宜大于 6mm。箍筋的间距，不应大于 20 倍受压钢筋的直径及 500mm，并不应小于 120mm。

（5）当组合砖砌体构件一侧的竖向受力钢筋多于 4 根时，应设置附加箍筋或拉结钢筋。

（6）对于截面长短边相差较大的构件如墙体等，应采用穿通墙体的拉结钢筋作为箍筋，同时设置水平分布钢筋。水平分布钢筋的竖向间距及拉结钢筋的水平间距，均不应大于 500mm。

（7）组合砖砌体构件的顶部及底部，以及牛腿部位，必须设置钢筋混凝土垫块。受力钢筋伸入垫块的长度，必须满足锚固要求。

以上参见《规范》8.2.6 条

6.3 组合砖砌体构件之二（砖砌体和钢筋混凝土构造柱组成）

✷ 6.3.1 砖砌体和钢筋混凝土构造柱组合墙的构成

构成如图 6-14 所示。应用实例如图 6-15～图 6-18 所示。

砖砌体 ＋ 钢筋混凝土构造柱

➤ 加强墙体的整体性；

➤ 增加墙体的抗侧延性；

➤ 在一定程度上利用其抵抗侧向地震力的能力

图 6-14 砖砌体和钢筋混凝土构造柱组合墙的构成

图 6-15 济南东部某建筑墙体的构造柱

图 6-16　济南某墙体的构造柱

图 6-17　青岛某建筑墙体的构造柱配筋（供图：何清耀）

图 6-18　煤矸石多孔砖砌体（带构造柱）（供图：张平）

✳ 6.3.2　轴心受压承载力计算公式

根据试验和有限元分析得到：

$$N \leqslant \varphi_{\text{com}}\left[fA_{\text{n}} + \eta(f_{\text{c}}A_{\text{c}} + f'_{\text{y}}A'_{\text{s}})\right] \qquad \text{《规范》式（8.2.7-1）}$$

式中　φ_{com}——组合砖墙的稳定系数，按《规范》表 8.2.3 采用；

　　　　η——强度系数，按下式计算：

$$\eta = \left[\cfrac{1}{\cfrac{l}{b_c} - 3} \right]^{1/4}$$

《规范》式（8.2.7-2）

l——沿墙长方向构造柱的间距；

b_c——沿墙长方向构造柱的宽度；当 l/b_c 小于 4 时，取 l/b_c 等于 4

A_n——砖砌体的净截面面积；

A_c——构造柱的截面面积。

以上参见《规范》8.2.7条

✳ 6.3.3 偏心受压承载力(平面外)的计算

计算要点如图 6-19 所示。

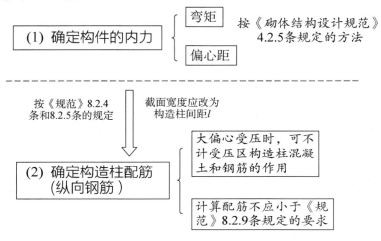

图 6-19 偏心受压承载力（平面外）的计算

说 明

平面外的偏心受压承载力，可按下列规定计算：

（1）构件的弯矩或偏心距可按《规范》4.2.5条规定的方法确定。

（2）可按《规范》8.2.4条和8.2.5条的规定确定构造柱纵向钢筋，但截面宽度应改为构造柱间距 l；大偏心受压时，可不计受压区构造柱混凝土和钢筋的作用，构造柱的计算配筋不应小于《规范》8.2.9条规定的要求。

以上参见《规范》8.2.8条

✳ 6.3.4 材料和构造要求

如图 6-20 所示。

(1) 砂浆≥M5

　　构造柱≥C20

- -

(2) 构造柱的要求：

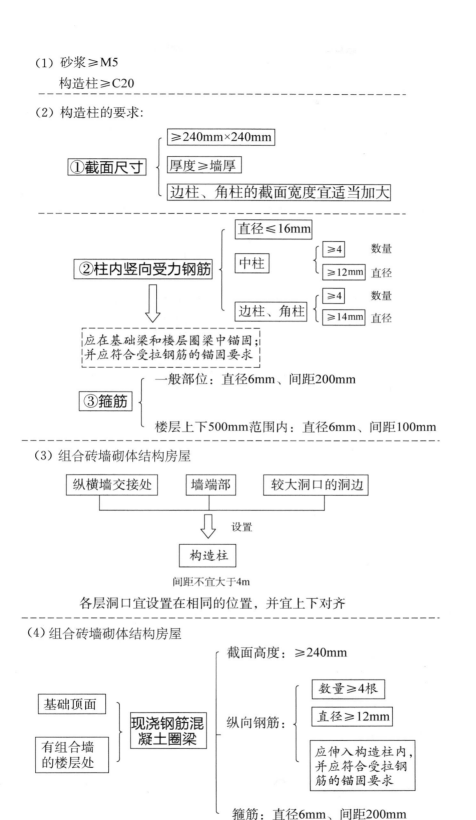

①截面尺寸 { ≥240mm×240mm / 厚度≥墙厚 / 边柱、角柱的截面宽度宜适当加大

②柱内竖向受力钢筋 { 直径≤16mm / 中柱 { ≥4 数量 / ≥12mm 直径 } / 边柱、角柱 { ≥4 数量 / ≥14mm 直径 }

应在基础梁和楼层圈梁中锚固；并应符合受拉钢筋的锚固要求

③箍筋 { 一般部位：直径6mm、间距200mm / 楼层上下500mm范围内：直径6mm、间距100mm

- -

(3) 组合砖墙砌体结构房屋

纵横墙交接处　墙端部　较大洞口的洞边

设置

构造柱

间距不宜大于4m

各层洞口宜设置在相同的位置，并宜上下对齐

- -

(4) 组合砖墙砌体结构房屋

{ 基础顶面 / 有组合墙的楼层处 } 现浇钢筋混凝土圈梁 {

截面高度：≥240mm

纵向钢筋： { 数量≥4根 / 直径≥12mm / 应伸入构造柱内，并应符合受拉钢筋的锚固要求 }

箍筋：直径6mm、间距200mm

- -

图 6-20　材料和构造要求

(5)

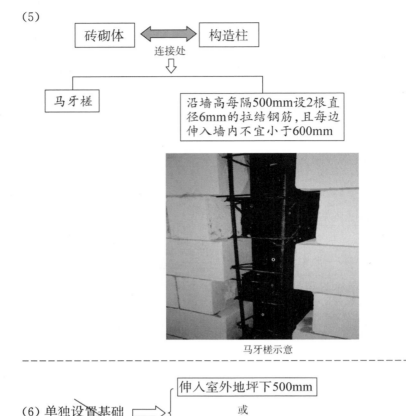

马牙槎示意

图 6-20　材料和构造要求（续）

说　明

（1）砂浆的强度等级不应低于 M5，构造柱的混凝土强度等级不宜低于 C20。

（2）构造柱的截面尺寸不宜小于 240mm×240mm，其厚度不应小于墙厚；边柱、角柱的截面宽度宜适当加大。柱内竖向受力钢筋，对于中柱，钢筋数量不宜少于 4 根，直径不宜小于 12mm；对于边柱、角柱，钢筋数量不宜少于 4 根，直径不宜小于 14mm。构造柱的竖向受力钢筋的直径也不宜大于 16mm。其箍筋，一般部位宜采用直径 6mm、间距 200mm，楼层上下 500mm 范围内宜采用直径 6mm、间距 100mm。构造柱的竖向受力钢筋应在基础梁和楼层圈梁中锚固，并应符合受拉钢筋的锚固要求。

（3）组合砖墙砌体结构房屋，应在纵横墙交接处、墙端部和较大洞口的洞边设置构造柱，其间距不宜大于 4m。各层洞口宜设置在相同的位置，并宜上下对齐。

（4）组合砖墙砌体结构房屋应在基础顶面、有组合墙的楼层处设置现浇钢筋混凝土圈梁。

圈梁的截面高度不宜小于 240mm；纵向钢筋数量不宜小于 4 根，直径不宜小于12mm，纵向钢筋应伸入构造柱内，并应符合受拉钢筋的锚固要求；圈梁的箍筋直径宜采用 6mm、间距 200mm。

（5）砖砌体与构造柱的连接处应砌成马牙槎，并应沿墙高每隔 500mm 设 2 根直径 6mm 的拉结钢筋，且每边伸入墙内不宜小于 600mm。

（6）构造柱可不单独设置基础，但应伸入室外地坪下 500mm，或与埋深小于500mm 的基础梁相连；

（7）组合砖墙的施工程序应为先砌墙后浇混凝土构造柱。

以上参见《规范》8.2.9 条

6.4　配筋砌块剪力墙结构

是指由空心砌体、芯柱钢筋混凝土构成的剪力墙结构体系。剪力墙为灌芯砌体。

这种配筋砌块剪力墙结构体系的抗压、抗拉和抗剪强度都很好，抗震性能也优良，应用范围很广泛，尤其适用于抗震设防地区的中高层房屋。但其设计计算理论、抗震性能等方面还需进行更深入的研究。

配筋砌块剪力墙结构体系的一般规定如图 6-21 所示。

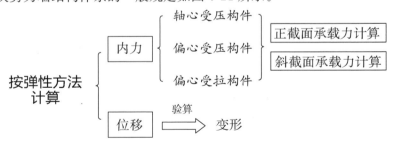

图 6-21　配筋砌块剪力墙结构体系的一般规定

说　明

结构的内力和位移，可按弹性方法计算。各构件应根据结构分析所得的内力，分别按轴心受压、偏心受压或偏心受拉构件进行正截面承载力和斜截面承载力计算，并应根据结构分析所得的位移进行变形验算。

✳ 6.4.1 配筋砌块砌体的力学性能指标

配筋砌块砌体的力学性能如图 6-22 所示。

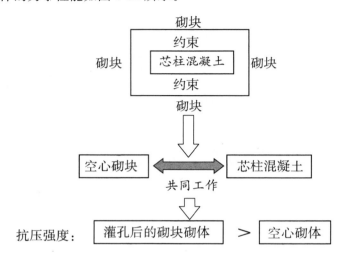

图 6-22　配筋砌块砌体的力学性能

> 试验表明，芯柱混凝土受砌块周壁的约束，空心砌体和芯柱混凝土可以实现共同工作。显然，灌孔后的砌块砌体的抗压强度必然高于空心砌体。

1. 抗压强度

受压破坏特征如图 6-23 所示。

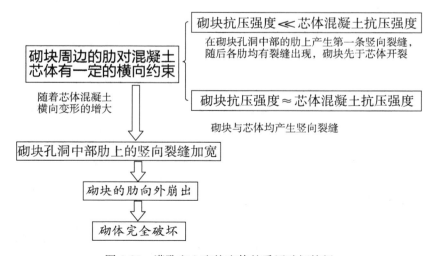

图 6-23　灌孔空心砌块砌体的受压破坏特征

　　根据试验结果，灌孔混凝土砌块砌体的抗压强度平均值为：

$$f_{\mathrm{g,m}} = f_{\mathrm{m}} + 0.94af_{\mathrm{c,m}} \tag{6-1}$$

式中　f_{m}——空心混凝土砌块砌体的抗压强度平均值；

　　　　a——灌孔混凝土的面积与砌体毛面积的比值；

　　　　$f_{\mathrm{c,m}}$——灌孔混凝土的轴心抗压强度平均值。

　　对砌体和混凝土分别取分项系数 1.6 和 1.4，二者受压时的变异系数分别取 0.17。按照《建筑结构设计统一标准》并考虑实际情况下的折减，可得到抗压强度设计值为：

$$f_{\mathrm{g}} = f + 0.6af_{\mathrm{c}} \qquad\qquad 《规范》式（3.2.1-1）$$

式中　f——未灌孔混凝土砌块砌体的抗压强度设计值；

　　　　f_{c}——灌孔混凝土的轴心抗压强度设计值；

　　　　a——灌孔混凝土面积与砌体毛面积的比值，$a = \delta\rho$，δ 为混凝土砌块的孔洞率；ρ 为混凝土砌块砌体的灌孔率，是截面灌孔混凝土面积与截面孔洞面积的比值。灌孔率应根据受力或施工条件确定，且不应小于 33%。

　　2. 抗剪强度

　　抗剪特征如图 6-24 所示。

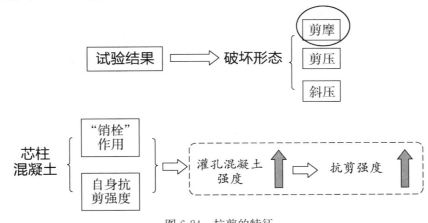

图 6-24　抗剪的特征

同样是先根据试验结果，得到砌体受剪时可能出现三种破坏形态——剪摩、剪压和斜压，主要考虑第一种破坏形态下的抗剪强度。

对灌孔混凝土砌块砌体，芯柱混凝土具有一定的"销栓"作用，同时自身也有一定的抗剪强度，因此随着灌孔混凝土强度的增大，砌体的抗剪强度有较大幅度的提高。

根据大量数据的回归分析，结合分项系数取值，可得抗剪强度设计值为：

$$f_{vg} = 0.2 f_g^{0.55}$$ 　　　　《规范》式（3.2.2）

式中　f_g——灌孔砌体的抗压强度设计值（MPa）。

3. 弹性模量取值

直接根据试验数据分析得到。

对单排孔且对孔砌筑的混凝土砌块砌体，弹性模量可取为：

$$E = 2000 f_g$$ 　　　　《规范》式（3.2.5）

这种剪力墙结构体系主要包含两大类构件：剪力墙和连梁。

下面介绍承载力计算方法。

✳ 6.4.2　剪力墙的承载力计算

1. 正截面受压承载力计算

计算方法基于试验研究。

（1）计算假定

①截面应变保持平面。

②竖向钢筋与其毗邻的砌体、灌孔混凝土的应变相同。

③不考虑砌体、灌孔混凝土的抗拉强度。

④根据材料选择砌体和灌孔混凝土的极限压应变：当轴心受压时不应大于 0.002；偏心受压时不应大于 0.003。

⑤根据材料选择钢筋的极限拉应变，且不应大于 0.01。

⑥纵向受拉钢筋屈服与受压区砌体破坏同时发生时的相对界限受压区高度 ξ_b，应按下式计算：

$$\xi_b = \frac{0.8}{1 + \dfrac{f_y}{0.003 E_s}}$$ 　　　　《规范》式（9.2.1）

可得常用的界限相对受压区高度如下：ξ_b（HPB300）＝0.57；ξ_b（HRB335）＝0.55；ξ_b（HRB400）＝0.52。（参见《规范》9.2.4 条第 1 款）

⑦大偏心受压时受拉钢筋考虑在 $h_0 - 1.5x$ 范围内屈服并参与工作。

以上参见《规范》9.2.1 条

（2）轴心受压时的承载力计算

正截面受压承载力计算公式：

$$N = \varphi_{0g}(f_g A + 0.8 f_y' A_s')$$　　　　《规范》式（9.2.2-1）

式中　N——轴向力设计值；

　　　f_g——灌孔砌体的抗压强度设计值；

　　　f_y'——钢筋的抗压强度设计值；

　　　A——构件的毛截面面积；

　　　A_s'——全部竖向钢筋的截面面积；

　　　β——构件的高厚比；

　　　φ_{0g}——轴心受压构件的稳定系数：

$$\varphi_{0g} = \frac{1}{1 + 0.001\beta^2}$$　　　　《规范》式（9.2.2-2）

以上参见《规范》9.2.2条

计算注意事项如图 6-25 所示。

➢ 无箍筋或水平分布钢筋时：　$f_y' A_s' = 0$

➢ 孔洞中仅设置一根钢筋时：

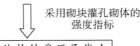

配筋砌块砌体墙

在平面外的受压承载力

↓ 采用砌块灌孔砌体的强度指标

按无筋砌体构件受压承载力的计算模式进行计算

图 6-25　注意点

说　明

根据【《规范》9.2.3条】：

①无箍筋或水平分布钢筋时，$f_y' A_s' = 0$。

②孔洞中仅设置一根钢筋时，配筋砌块砌体墙在平面外的受压承载力采用砌块灌孔砌体的强度指标，按无筋砌体构件受压承载力的计算模式进行计算。

（3）偏心受压时的承载力计算

偏心受压分两种情况，如表 6-1 所示。

偏心受压破坏情况　　　　　　　　　　　　　　　　　　　　**表 6-1**

截面类型	受压区高度	破坏形态
大偏心受压	$x \leqslant \xi_b h_0$	受拉边钢筋先屈服，受压边砌块达极限压应变
小偏心受压	$x > \xi_b h_0$	偏心受压边砌块达极限压应变

①大偏心受压时的截面承载能力计算

$$N \leqslant f_g bx + f'_y A'_s - f_y A_s - \Sigma f_{si} A_{si} \qquad 《规范》式 (9.2.4-1)$$

$$Ne_N \leqslant f_g bx \left(h_0 - \frac{x}{2} \right) + f'_y A'_s (h_0 - a'_s) - \Sigma f_{si} S_{si}$$

$$《规范》式 (9.2.4-2)$$

式中　N——轴向力设计值；

f_y，f'_y——竖向受拉、受压主筋的强度设计值；

b——截面宽度；

f_{si}——竖向分布钢筋的抗拉强度设计值；

A_s，A'_s——竖向受拉、受压主筋的截面面积；

A_{si}——单根竖向分布钢筋的截面面积；

S_{si}——第 i 根竖向分布钢筋对竖向受拉主筋的面积矩；

e_N——轴向力作用点到竖向受拉主筋合力点之间的距离

当受压区高度 $x < 2a'_s$ 时，其正截面承载力可按下式计算：

$$Ne'_N \leqslant f_y A_s (h_0 - a'_s) \qquad 《规范》式 (9.2.4-3)$$

e'_N——轴向力作用点至竖向受压主筋合力点之间的距离。

②小偏心受压时截面承载力计算

根据计算简图，可得基本方程为：

$$N \leqslant f_g bx + f'_y A'_s - \sigma_s A_s \qquad 《规范》式 (9.2.4-4)$$

$$Ne_N \leqslant f_g bx \left(h_0 - \frac{x}{2} \right) + f'_y A'_s (h_0 - a'_s) \qquad 《规范》式 (9.2.4-5)$$

由平截面假定，相对受拉边的钢筋应力可表示为：

$$\sigma_s \leqslant \frac{f_y}{\xi_b - 0.8} \left(\frac{x}{h_0} - 0.8 \right) \qquad 《规范》式 (9.2.4-6)$$

注 1：受压区竖向受压主筋无箍筋或无水平钢筋约束时取 $f'_y A'_s = 0$。

注 2：如果采用对称配筋，可近似按下式计算钢筋截面积：

$$A_s = A'_s = \frac{Ne_N - \xi(1 - 0.5\xi) f_g bh_0^2}{f'_y (h_0 - a'_s)} \qquad 《规范》式 (9.2.4-7)$$

其中，相对受压区高度 x 可按下式计算：

$$\xi = \frac{x}{h_0} = \frac{N - \xi_b f_g bh_0}{\dfrac{Ne_N - 0.43 f_g bh_0^2}{(0.8 - \xi_b)(h_0 - a'_s)} + f_g bh_0} + \xi_b \quad 《规范》式 (9.2.4-8)$$

（4）T 形、L 形、工字形截面偏心受压构件的计算方法

对于这类构件，当翼缘和腹板的相交处采用错缝搭接砌筑和同时设置中距不大于1.2m 的水平配筋带（截面高度大于等于 60mm，钢筋不少于 2φ12）时，可考虑翼缘的共同工作。

翼缘的计算宽度按《规范》表 9.2.5 中的最小值采用。其计算简图见《规范》图 9.2.5。

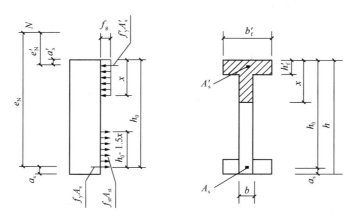

《规范》图 9.2.5　T 形截面偏心受压构件正截面承载力计算简图

《规范》表 9.2.5　T 形、L 形、工形截面偏心受压构件翼缘计算宽度 b_f'

考虑情况	T 形、工字形截面	L 形截面
按构件计算高度 H_0 考虑	$H_0/3$	$H_0/6$
按腹板间距 L 考虑	L	$L/2$
按翼缘厚度 h_f' 考虑	$b+12h_f'$	$b+6h_f'$
按翼缘的实际宽度 b_f' 考虑	b_f'	b_f'

然后按下列规定计算正截面承载力：

①当受压区高度 x 小于等于 h_f' 时，应按宽度为 b_f' 的矩形截面计算；

②当受压区高度 x 大于 h_f' 时，则应考虑腹板的受压作用，按下列公式计算：

大偏心受压时

$$N \leqslant f_g[bx+(b_f'-b)h_f']+f_y'A_s'-f_yA_s-\Sigma f_{si}A_{si}$$

《规范》式（9.2.5-1）

$$Ne_N \leqslant f_g[bx(h_0-x/2)+(b_f'-b)h_f'(h_0-h_f'/2)]+f_y'A_s'(h_0-a_s')-\Sigma f_{si}S_{si}$$

《规范》式（9.2.5-2）

小偏心受压时

$$N \leqslant f_g[bx+(b_f'-b)h_f']+f_y'A_s'-\sigma_sA_s$$　《规范》式（9.2.5-3）

$$Ne_N \leqslant f_g[bx(h_0-x/2)+(b_f'-b)h_f'(h_0-h_f'/2)]+f_y'A_s'(h_0-a_s')$$

《规范》式（9.2.5-4）

式中　b_f'——T 形、L 形、工字形截面受压区的翼缘计算宽度；

h_f'——T 形、L 形、工字形截面受压区的翼缘厚度。

以上参见《规范》9.2.5 条

2. 斜截面受剪承载力计算

（1）抗剪承载力的影响因素

①材料强度；

②垂直正应力；

③墙体的高宽比或剪跨；

④水平和垂直的配筋率。

参照《混凝土结构设计规范》GB 50010，结合试验研究的结果，《规范》中给出了以下计算公式。

（2）偏心受压时斜截面受剪承载力计算公式

$$V \leqslant \frac{1}{\lambda - 0.5}\left(0.6f_{vg}bh_0 + 0.12N\frac{A_w}{A}\right) + 0.9f_{yh}\frac{A_{sh}}{s}h_0$$

《规范》式（9.3.1-2）

式中　f_{vg}——灌孔砌体抗剪强度设计值；

M，N，V——计算截面的弯矩、轴向力和剪力设计值，当 $N > 0.25f_g bh$ 时，取 $N = 0.25f_g bh$；

A——剪力墙的截面面积；

A_w——T 形或倒 L 形截面腹板的截面面积，矩形截面 A_w 等于 A；

λ——计算截面的剪跨比，$\lambda = M/Vh_0$，$1.5 \leqslant \lambda \leqslant 2.2$；

h——剪力墙的截面高度；

b——剪力墙截面宽度或 T 形倒 L 形截面腹板宽度；

h_0——剪力墙截面的有效高度；

A_{sh}——配置在同一截面内的水平分布钢筋的全部截面面积；

s——水平分布钢筋的竖向间距；

f_{yh}——水平钢筋的抗拉强度设计值。

（3）偏心受拉时斜截面受剪承载力计算公式

$$V \leqslant \frac{1}{\lambda - 0.5}\left(0.6f_{vg}bh_0 - 0.22N\frac{A_w}{A}\right) + 0.9f_{yh}\frac{A_{sh}}{s}h_0$$

《规范》式（9.3.1-4）

剪力墙的截面控制要求：

$$V \leqslant 0.25f_g bh \qquad 《规范》式（9.3.1-1）$$

以上参见《规范》9.3.1 条

✳ 6.4.3　连梁的承载力计算

连梁：在剪力墙结构和框架-剪力墙结构中，两端与剪力墙相连且跨高比小于 5 的梁（图 6-26）。

当连梁采用钢筋混凝土时，连梁的正截面受弯和斜截面受剪承载力应按现行国家标准《混凝土结构设计规范》GB 50010 的有关规定进行计算。当采用配筋砌块砌体时，按下述方法进行。

图 6-26　某高层住宅的连梁

1. 正截面受弯承载力计算

也按现行国家标准《混凝土结构设计规范》GB 50010 的有关规定进行计算，只是采用配筋砌块砌体相应的计算参数和指标。

2. 斜截面受剪承载力计算

（1）连梁的截面，应符合下列规定：

$$V_b \leqslant 0.25 f_g b h_0 \qquad\text{《规范》式（9.3.2-1）}$$

（2）连梁的斜截面受剪承载力应按下式计算：

$$V_b \leqslant 0.8 f_{vg} b h_0 + f_{yv} \frac{A_{sv}}{s} h_0 \qquad\text{《规范》式（9.3.2-2）}$$

式中　V_b——连梁的剪力设计值；

b——连梁的截面宽度；

h_0——连梁的截面有效高度；

A_{sv}——配置在同一截面内箍筋各肢的全部截面面积；

f_{yv}——箍筋的抗拉强度设计值；

s——沿构件长度方向箍筋的间距。

以上参见《规范》9.3.2 条

✳ 6.4.4　构造要求

1. 钢筋

钢筋的构造要求如图 6-27 所示。

（1）配筋的规格

- ➢ 钢筋的直径≤25mm；
- ➢ 当设置在灰缝中时≥4mm，其他部位≥10mm；
- ➢ 配置在孔洞或空腔中的钢筋面积≤空洞或空腔面积的6%

（2）钢筋的设置

- ➢ 设置在灰缝钢筋的直径≤灰缝厚度的1/2；
- ➢ 两平行的水平钢筋间的净距≥50mm；
- ➢ 柱和壁柱中的竖向钢筋的净距≥40mm（包括接头处钢筋间的净距）

（3）钢筋在灌孔混凝土中的锚固

- ➢当计算中充分利用竖向受拉钢筋强度时，其锚固长度l_a：
  - √对HRB335级钢筋：不宜小于30d(d为钢筋直径)；
  - √对HRB400级钢筋：不宜小于35d；
  - √在任何情况下：钢筋（包括钢丝）锚固长度不应小于300mm

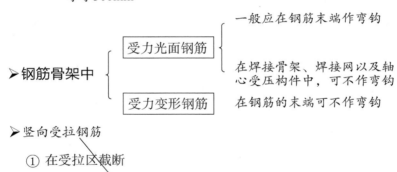

➢竖向受拉钢筋

① 在受拉区截断

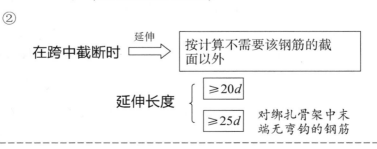

图 6-27　钢筋的构造要求

（4）钢筋的接头

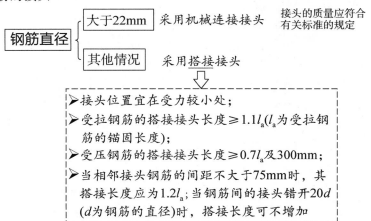

（5）水平受力钢筋（网片）

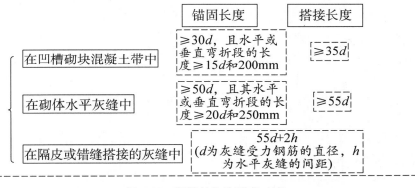

图 6-27　钢筋的构造要求（续）

说　明

（1）配筋的规格

钢筋的直径不宜大于 25mm，当设置在灰缝中时不应小于 4mm，其他部位不应小于 10mm。配置在孔洞或空腔中的钢筋面积不应大于空洞或空腔面积的 6%。

（2）钢筋的设置

①设置在灰缝钢筋的直径不宜大于灰缝厚度的 1/2。

②两平行的水平钢筋间的净距不应小于 50mm。

③柱和壁柱中的竖向钢筋的净距不宜小于 40mm（包括接头处钢筋间的净距）。

（3）钢筋在灌孔混凝土中的锚固

①当计算中充分利用竖向受拉钢筋强度时，其锚固长度 l_a，对 HRB335 级钢筋不宜小于 $30d$（d 为钢筋直径）；对 HRB400 级钢筋不宜小于 $35d$；在任何情况下钢筋（包括钢丝）锚固长度不应小于 300mm。

②竖向受拉钢筋不应在受拉区截断。如必须截断时，应延伸至按正截面受弯承载力计算不需要该钢筋的截面以外，延伸长度不应小于 $20d$（d 为受压钢筋的直径）。

③竖向受拉钢筋在跨中截断时，必须伸至按计算不需要该钢筋的截面以外，延伸的长度不应小于 $20d$；对绑扎骨架中末端无弯钩的钢筋，不小于 $25d$（d 为受压钢筋的直径）。

④钢筋骨架中的受力光面钢筋，应在钢筋末端作弯钩，在焊接骨架、焊接网以及轴心受压构件中，可不作弯钩；绑扎骨架中的受力变形钢筋，在钢筋的末端可不作弯钩。

（4）钢筋的接头

钢筋的直径大于 22mm 时宜采用机械连接接头，接头的质量应符合有关标准的规定；其他直径的钢筋可采用搭接接头，并应符合下列要求：

①钢筋的接头位置宜设置在受力较小处。

②受拉钢筋的搭接接头长度不应小于 $1.1l_a$（l_a 为受拉钢筋的锚固长度），受压钢筋的搭接接头长度不应小于 $0.7l_a$，但不应小于 300mm。

③当相邻接头钢筋的间距不大于 75mm 时，其搭接长度应为 $1.2l_a$。当钢筋间的接头错开 $20d$（d 为钢筋的直径）时，搭接长度可不增加。

（5）水平受力钢筋（网片）的锚固和搭接长度

①在凹槽砌块混凝土带中钢筋的锚固长度不宜小于 $30d$，且其水平或垂直弯折段的长度不宜小于 $15d$ 和 200mm；钢筋的搭接长度不宜小于 $35d$；

②在砌体水平灰缝中，钢筋的锚固长度不宜小于 $50d$，且其水平或垂直弯折段的长度不宜小于 $20d$ 和 250mm；钢筋的搭接长度不宜小于 $55d$；

③在隔皮或错缝搭接的灰缝中为 $55d+2h$，d 为灰缝受力钢筋的直径，h 为水平灰缝的间距。

以上参见《规范》9.4 节第 1 部分

2. 砌体材料

砌体材料的构造要求如图 6-28 所示：

(1) 砌块≥MU10；

(2) 砌筑砂浆≥Mb7.5；

(3) 灌孔混凝土≥Cb20，且≥1.5倍的块体强度等级

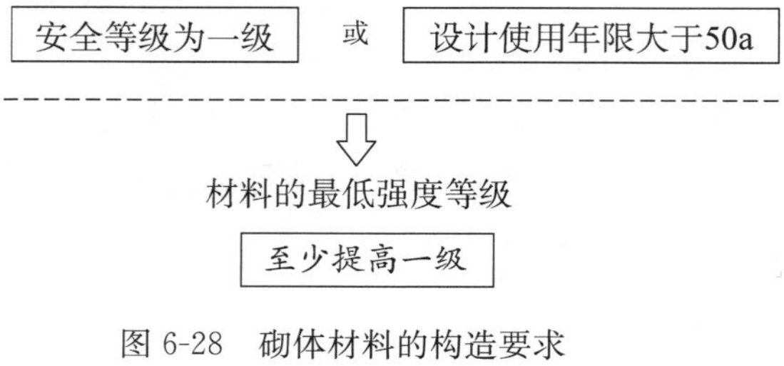

| 安全等级为一级 | 或 | 设计使用年限大于50a |

材料的最低强度等级

至少提高一级

图 6-28　砌体材料的构造要求

3. 剪力墙厚度、连梁截面宽度

剪力墙厚度、连梁截面宽度不应小于190mm。

4. 剪力墙的构造配筋

剪力墙的构造配筋规定如图 6-29 所示。

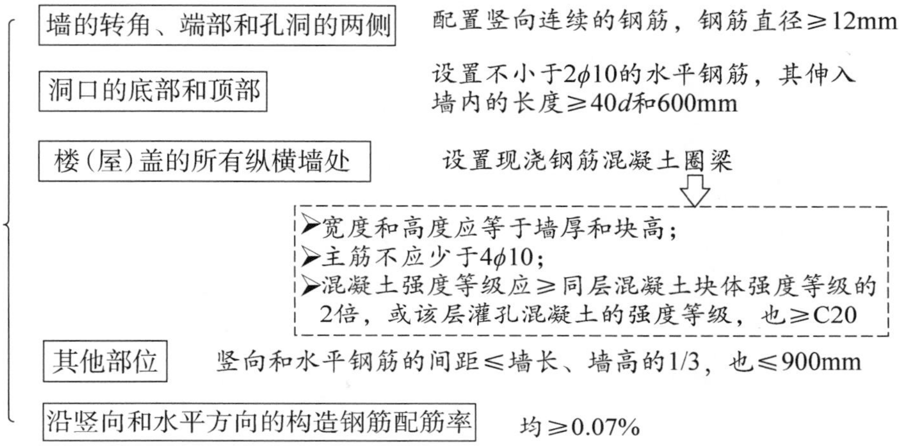

墙的转角、端部和孔洞的两侧	配置竖向连续的钢筋，钢筋直径≥12mm
洞口的底部和顶部	设置不小于2ϕ10的水平钢筋，其伸入墙内的长度≥40d和600mm
楼(屋)盖的所有纵横墙处	设置现浇钢筋混凝土圈梁

> ➤宽度和高度应等于墙厚和块高；
> ➤主筋不应少于4ϕ10；
> ➤混凝土强度等级应≥同层混凝土块体强度等级的2倍，或该层灌孔混凝土的强度等级，也≥C20

其他部位	竖向和水平钢筋的间距≤墙长、墙高的1/3，也≤900mm
沿竖向和水平方向的构造钢筋配筋率	均≥0.07%

图 6-29 剪力墙的构造配筋规定

说　明

（1）应在墙的转角、端部和孔洞的两侧配置竖向连续的钢筋，钢筋直径不应小于12mm。

（2）应在洞口的底部和顶部设置不小于2ϕ10 的水平钢筋，其伸入墙内的长度不应小于 40d 和 600mm。

（3）应在楼（屋）盖的所有纵横墙处设置现浇钢筋混凝土圈梁，圈梁的宽度和高度应等于墙厚和块高，圈梁主筋不应少于 4ϕ10，圈梁的混凝土强度等级不应低于同层混凝土块体强度等级的 2 倍，或该层灌孔混凝土的强度等级，也不应低于 C20。

（4）剪力墙其他部位的竖向和水平钢筋的间距不应大于墙长、墙高的 1/3，也不应大于 900mm。

（5）剪力墙沿竖向和水平方向的构造钢筋配筋率均不应小于 0.07％。

5. 连梁的构造要求

钢筋混凝土连梁的构造要求如图 6-30 所示。

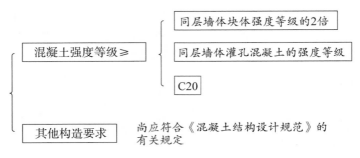

图 6-30　钢筋混凝土连梁的构造要求

说　明

（1）混凝土强度等级不宜低于同层墙体块体强度等级的 2 倍，或同层墙体灌孔混凝土的强度等级，也不应低于 C20；

（2）其他构造要求尚应符合现行国家标准《混凝土结构设计规范》GB 50010 的有关规定。

以上参见《规范》9.4.11 条

配筋砌块砌体连梁的构造要求如图 6-31 所示。

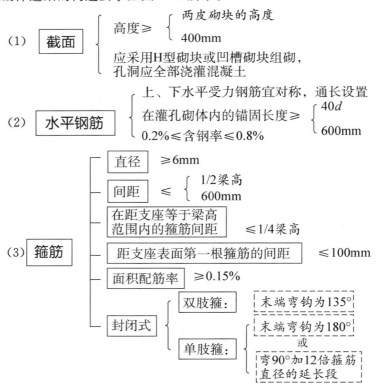

图 6-31　配筋砌块砌体连梁的构造要求

（1）连梁的截面

①高度不应小于两皮砌块的高度和 400mm；

②应采用 H 形砌块或凹槽砌块组砌，孔洞应全部浇灌混凝土。

（2）连梁的水平钢筋

①上、下水平受力钢筋宜对称、通长设置，在灌孔砌体内的锚固长度不宜小于 $40d$ 和 600mm；

②含钢率不宜小于 0.2%，也不宜大于 0.8%。

（3）连梁的箍筋

①直径：不应小于 6mm；

②间距：不宜大于 1/2 梁高和 600mm；

③在距支座等于梁高范围内的箍筋间距不应大于 1/4 梁高，距支座表面第一根箍筋的间距不应大于 100mm；

④面积配筋率：不宜小于 0.15%；

⑤宜为封闭式，双肢箍末端弯钩为 135°；单肢箍末端的弯钩为 180°，或弯 90°加 12 倍箍筋直径的延长段。

以上参见《规范》9.4.12 条

✳ 6.4.5　结构中其他构件的设计

1. 窗间墙

构造规定如图 6-32 所示。

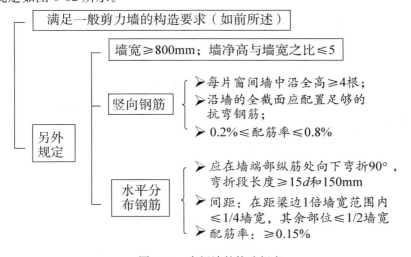

图 6-32　窗间墙的构造规定

首先需要满足一般剪力墙的构造要求。然后还需要符合下列规定：

（1）墙宽不应小于 800mm；墙净高与墙宽之比不宜大于 5。

（2）竖向钢筋应符合下列规定：

①每片窗间墙中沿全高不应少于 4 根钢筋；

②沿墙的全截面应配置足够的抗弯钢筋；

③配筋率不宜小于 0.2%，也不宜大于 0.8%。

（3）水平分布钢筋应符合下列规定：

①应在墙端部纵筋处向下弯折 90°，弯折段长度不小于 15d 和 150mm；

②间距：在距梁边 1 倍墙宽范围内不应大于 1/4 墙宽，其余部位不应大于 1/2 墙宽；

③配筋率不宜小于 0.15%。

以上参见《规范》9.4.6 条～9.4.9 条

2. 边缘构件

配筋砌块砌体剪力墙，应按图 6-33 所示要求设置边缘构件。

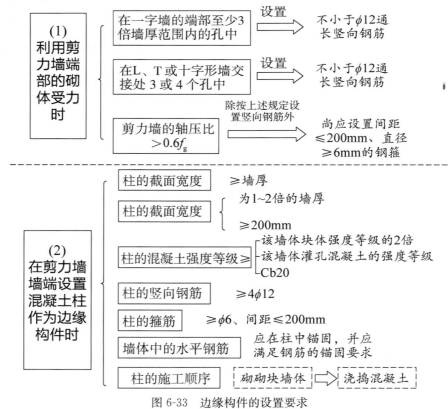

图 6-33　边缘构件的设置要求

说 明

（1）当利用剪力墙端部的砌体受力时，应符合下列规定：

①应在一字墙的端部至少 3 倍墙厚范围内的孔中设置不小于 $\phi12$ 通长竖向钢筋；

②应在 L、T 或十字形墙交接处 3 或 4 个孔中设置不小于 $\phi12$ 通长竖向钢筋；

③当剪力墙的轴压比大于 $0.6 f_g$ 时，除按上述规定设置竖向钢筋外，尚应设置间距不大于 200mm、直径不小于 6mm 的钢箍。

（2）当在剪力墙墙端设置混凝土柱作为边缘构件时，应符合下列规定：

①柱的截面宽度宜不小于墙厚，截面高度宜为 $1\sim2$ 倍的墙厚，并不应小于 200mm；

②柱的混凝土强度等级不宜低于该墙体块体强度等级的 2 倍，或不低于该墙体灌孔混凝土的强度等级，也不应低于 Cb20；

③柱的竖向钢筋不宜小于 4 $\phi12$，箍筋不宜小于 $\phi6$、间距不宜大于 200mm；

④墙体中的水平钢筋应在柱中锚固，并应满足钢筋的锚固要求；

⑤柱的施工顺序宜为先砌砌块墙体，后浇捣混凝土。

以上参见《规范》9.4.10 条

6.5　配筋砌块砌体柱子

用空心砌块加后灌钢筋混凝土的方式有时也可以做成柱子构件。如《规范》图 9.4.13 所示。

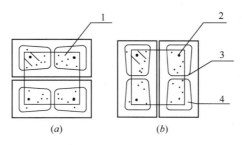

《规范》图 9.4.13　配筋砌块砌体柱截面示意
(a) 下皮；(b) 上皮

此时柱子的正截面、斜截面承载力参照配筋砌块剪力墙构件进行计算即可。需要注意的是构造方面应满足下述要求。

✸ 6.5.1　材料

同剪力墙构件。要求如图 6-34 所示。

(1) 砌块≥MU10

(2) 砌筑砂浆≥Mb7.5

(3) 灌孔混凝土≥Cb20，且≥1.5倍的块体强度等级

安全等级为一级　或　设计使用年限大于50a

⇩

材料的最低强度等级

至少提高一级

图 6-34　对材料的要求

6.5.2　尺寸

对尺寸的要求如图 6-35 所示。

➢柱截面边长≥400mm

➢柱高度与截面短边之比≤30

图 6-35　柱子尺寸的要求

6.5.3　竖向受力钢筋

要求如图 6-36 所示。

➢直径≥12mm

➢数量≥4根

➢全部竖向受力钢筋的配筋率≥0.2%

图 6-36　竖向受力钢筋的要求

6.5.4　箍筋

要求如图 6-37 所示。

- 纵向钢筋的配筋率大于0.25%；柱承受的轴向力大于受压承载力设计值的25% —— 应设箍筋
- 直径≥6mm
- 间距 ≤ min(16倍的纵向钢筋直径、48倍箍筋直径、柱截面短边尺寸)
- 应封闭，端部应弯钩或绕纵筋水平弯折90°，弯折段长度≥10d
- 应设置在灰缝或灌孔混凝土中

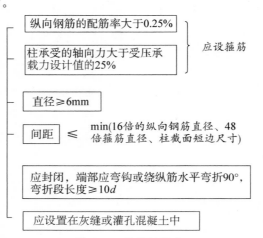

图 6-37　箍筋的要求

箍筋的设置应根据下列情况确定：

（1）当纵向钢筋的配筋率大于 0.25％时，且柱承受的轴向力大于受压承载力设计值的 25％时，柱应设箍筋；当配筋率小于等于 0.25％时，或柱承受的轴向力小于受压承载力设计值的 25％时，柱中可不设箍筋。

（2）箍筋直径不宜小于 6mm。

（3）箍筋的间距不应大于 16 倍的纵向钢筋直径、48 倍箍筋直径及柱截面短边尺寸中较小者。

（4）箍筋应封闭，端部应弯钩或绕纵筋水平弯折 90°，弯折段长度不小于 10d。

（5）箍筋应设置在灰缝或灌孔混凝土中。

以上参见《规范》9.4.13 条

以上主要计算公式汇总如图 6-38 所示。

受压粗短构件的承载力计算公式：

$$N_u = \varphi_1 A f$$

受压细长构件的承载力计算公式：

$$N \leqslant \phi f A$$

网状配筋砖砌体的承载力计算公式：

$$N \leqslant \varphi_n f_n A$$

砖砌体+钢筋混凝土（砂浆）面层的轴压承载力计算公式：

$$N \leqslant \varphi_{com}(fA + f_c A_c + \eta_s A'_s f'_y)$$

砖砌体+构造柱的轴压承载力计算公式：

$$N \leqslant \varphi_{com}[fA_n + \eta(f_c A_c + f'_y A'_s)]$$

配筋砌块砌体剪力墙的轴压承载力计算公式：

$$N \leqslant \varphi_{0g}(f_g A + 0.8 f'_y A'_s)]$$

图 6-38　公式汇总（找找规律吧）

第7章 墙　梁

7.1　墙　梁　的　背　景

墙梁的组成如图 7-1 所示。

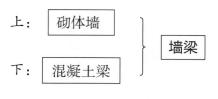

图 7-1　墙梁的组成

墙梁主要包括两种情况：承重墙梁和自承重墙梁。

✳ 7.1.1　承重墙梁

工程背景为底框结构，组成如图 7-2 所示。

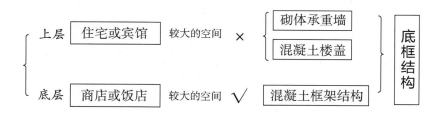

图 7-2　底框结构的组成

> ## 说　明
>
> 　　在多层混合结构房屋中，为了满足使用需求，往往要求底部有较大的空间，而上部不需要。如底层为商店或饭店、上层为住宅或宾馆等。这种情况下，常采用底部为混凝土框架结构、上部为砌体承重墙与混凝土楼盖混合结构的形式，称为底框结构。

底框结构的适用情况如图 7-3 所示。

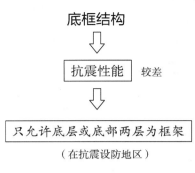

图 7-3　底框结构的适用情况

　　墙梁的受力特点如图 7-4 所示。

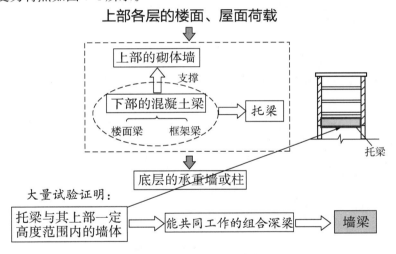

图 7-4　墙梁的受力特点

墙梁的荷载与分类如图 7-5 所示。

荷载：

　　托梁和墙体自重　+　楼面和屋面传来的荷载

分类：
　　简支墙梁
　　连续墙梁
　　框支墙梁

图 7-5　墙梁的荷载与分类

说　明

除承受托梁和墙体自重外，墙梁还承受楼面和屋面传来的荷载。
按支承情况，墙梁可分为简支墙梁、连续墙梁和框支墙梁。

✴ 7.1.2　自承重墙梁

工程背景为工业厂房围护墙和下部的基础梁、连系梁。

7.2　墙梁的分析和设计

✴ 7.2.1　墙梁的受力性能及破坏形态

影响墙梁受力性能的因素如图 7-6 所示。

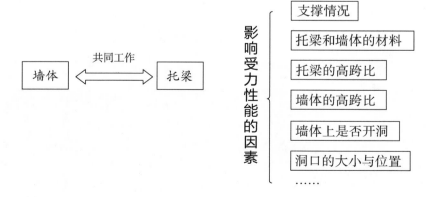

图 7-6　影响墙梁受力性能的因素

1. 无洞口简支墙梁

无洞口简支墙梁的受力性能如图 7-7 所示。

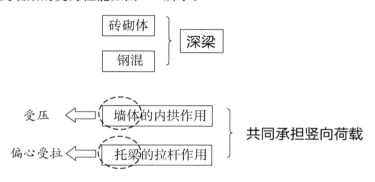

图 7-7　无洞口简支墙梁的受力性能

无洞口简支墙梁的破坏形态如图 7-8 所示。

（1）弯曲破坏

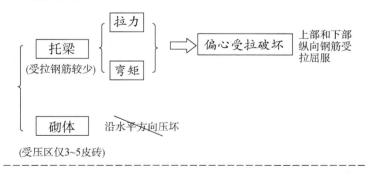

图 7-8　无洞口简支墙梁的破坏形态

（2）剪切破坏

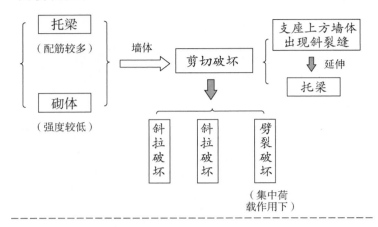

（3）局部受压破坏

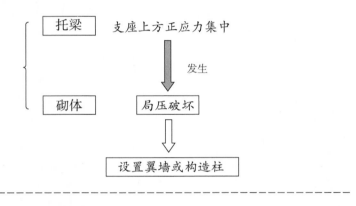

图 7-8　无洞口简支墙梁的破坏形态（续）

说　明

（1）弯曲破坏：托梁受拉钢筋较少，破坏时托梁内上部和下部纵向钢筋受拉屈服，受压区仅 3～5 皮砖，但砌体没有沿水平方向压坏。托梁同时承受拉力和弯矩作用，托梁发生偏心受拉破坏。

（2）剪切破坏：当托梁配筋较多，砌体强度较低时，由于支座上方墙体出现斜裂缝并延伸至托梁而发生墙体的剪切破坏。又分为以下三种形式：斜拉破坏、斜压破坏、劈裂破坏（集中荷载作用下）。

（3）局部受压破坏：托梁支座上方由于正应力集中，砌体发生局压破坏。

2. 有洞口简支墙梁

有洞口简支墙梁及破坏形态如图 7-9 所示。

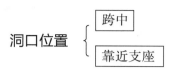

洞口位置 $\left\{\begin{array}{l}\text{跨中} \\ \text{靠近支座}\end{array}\right.$

三种破坏形态:

(1) **弯曲破坏** $\left\{\begin{array}{l}\text{托梁大偏心受拉破坏} \\ \text{托梁小偏心受拉破坏}\end{array}\right.$

(2) **剪切破坏** $\left\{\begin{array}{l}\text{墙体破坏} \\ \text{托梁破坏}\end{array}\right.$

(3) **局压破坏**

一般出现在距门洞较近一边的支座上方的砌体

图 7-9 有洞口简支墙梁及破坏形态

说　明

洞口位置可能在跨中，也可能在靠近支座处。

与无洞口简支墙梁相同，也有三种破坏：

(1) 弯曲破坏：分托梁大偏心受拉破坏、小偏心受拉破坏两种。

(2) 剪切破坏：分墙体破坏、托梁破坏两种。

(3) 局部受压破坏：一般出现在距门洞较近一边的支座上方的砌体。

3. 连续墙梁

连续墙梁的组成如图 7-10 所示。

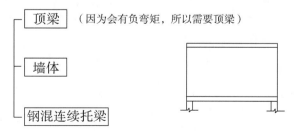

顶梁 （因为会有负弯矩，所以需要顶梁）

墙体

钢混连续托梁

图 7-10 连续墙梁

连续墙梁的破坏形态如图 7-11 所示。

（1）弯曲破坏

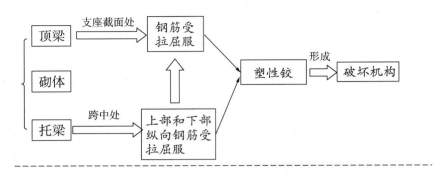

（2）剪切破坏

（3）局压破坏

一般出现在中间支座处的墙体

图 7-11　连续墙梁的破坏形态

说　明

（1）弯曲破坏：主要发生在跨中，托梁上下钢筋屈服，随后支座截面顶梁钢筋受拉屈服，由于跨中和支座截面先后形成塑性铰使连续墙梁形成破坏机构。

（2）剪切破坏：斜压破坏、集中荷载作用下的劈裂破坏，破坏形态与简支梁类似。

（3）局压破坏：一般出现在中间支座处的墙体。

4. 框支墙梁

框支墙梁的组成如图 7-12 所示。

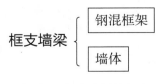

图 7-12　框支墙梁的组成

框支墙梁的破坏形态如图 7-13 所示。

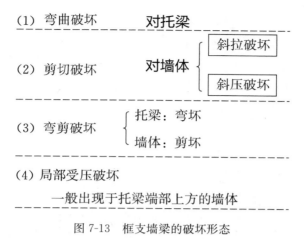

图 7-13　框支墙梁的破坏形态

✳ 7.2.2　墙梁的一般规定

（1）墙梁设计时应符合《规范》表 7.3.2 的要求。

《规范》表 7.3.2　墙梁的一般规定

墙梁类别	墙体总高度（m）	跨度（m）	墙高 h_w/l_{0i}	托梁高 h_b/l_{0i}	洞宽 b_h/l_{0i}	洞高 h_h
承重墙梁	≤18	≤9	≥0.4	≥1/10	≤0.3	≤$5h_w/6$ 且 h_w-h_h≥0.4m
自承重墙梁	≤18	≤12	≥1/3	≥1/15	≤0.8	

注：1. 墙体总高度指托梁顶面到檐口的高度，带阁楼的坡屋顶应算到山尖墙 1/2 高度处。

　　2. h_w—墙体计算高度；h_b—托梁截面高度；l_{0i}—墙梁计算跨度；b_h—洞口宽度；h_h—洞口高度，对于窗洞取洞顶至托梁顶面的距离。

（2）墙梁的洞口设置要求如图 7-14 所示。

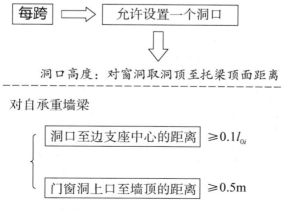

图 7-14　墙梁的洞口设置要求

以上参见《规范》7.3.2 条第 2 款

（3）洞口边缘至支座中心的距离要求如图 7-15 所示。

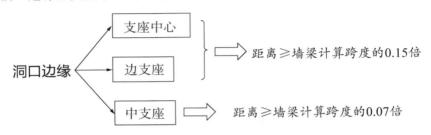

图 7-15　洞口边缘至支座中心的距离要求

以上参见《规范》7.3.2 条第 3 款

（4）多层房屋洞口设置的要求如图 7-16 所示。

图 7-16　多层房屋洞口设置的要求

（5）托梁高跨比的要求如图 7-17 所示。

图 7-17 托梁高跨比的要求

说　明

托梁高跨比，对无洞口窗梁不宜大于 1/7，对靠近支座有洞口的墙梁不宜大于 1/6。

以上参见《规范》7.3.2 条第 4 款

✳ 7.2.3　墙梁的计算

1. 使用阶段

使用阶段计算内容如图 7-18 所示。

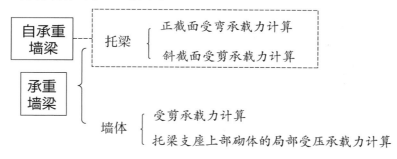

图 7-18 墙梁使用阶段的计算内容

说　明

（1）对承重墙梁：为了保证在使用阶段安全可靠地工作，必须进行托梁使用阶段正截面承载力和斜截面受剪承载力计算、墙体受剪承载力和托梁支座上部砌体局部受压承载力的计算。

（2）对自承重墙梁：可不验算墙体受剪承载力和砌体局部受压承载力。

以上参见《规范》7.3.5 条

（1）托梁正截面承载力计算

托梁正截面承载力的计算位置如图 7-19 所示。

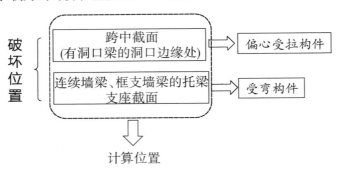

图 7-19 托梁正截面承载力的计算位置

墙梁正截面破坏一般发生在托梁的跨中截面（有洞口梁的洞口边缘处）以及连续墙梁、框支墙梁的托梁支座截面，因此应对这两个部位进行承载力计算。

跨中截面按钢筋混凝土偏心受拉构件计算，支座截面按钢筋混凝土受弯构件计算。

具体计算公式如下所述。

① 托梁跨中截面弯矩 M_{bi} 及轴心拉力 N_{bti} 的计算公式为：

$$M_{bi} = M_{1i} + a_M M_{2i} \qquad \text{《规范》式}(7.3.6\text{-}1)$$

$$N_{bti} = \eta_N \frac{M_{2i}}{H_0} \qquad \text{《规范》式}(7.3.6\text{-}2)$$

对简支墙梁：

$$a_M = \psi_M \left(1.7 \frac{h_b}{l_0} - 0.03 \right) \qquad \text{《规范》式}(7.3.6\text{-}3)$$

$$\psi_M = 4.5 - 10 \frac{a}{l_0} \qquad \text{《规范》式}(7.3.6\text{-}4)$$

$$\eta_N = 0.44 + 2.1 \frac{h_w}{l_0} \qquad \text{《规范》式}(7.3.6\text{-}5)$$

对连续墙梁和框支墙梁：

$$a_M = \psi_M \left(2.7 \frac{h_b}{l_0} - 0.08 \right) \qquad \text{《规范》式}(7.3.6\text{-}6)$$

$$\psi_M = 3.8 - 8.0 \frac{a}{l_0} \qquad \text{《规范》式}(7.3.6\text{-}7)$$

$$\eta_N = 0.8 + 2.6 \frac{h_w}{l_0} \qquad \text{《规范》式}(7.3.6\text{-}8)$$

式中　M_{1i}——荷载设计值 Q_1、F_1 作用下简支梁跨中弯矩或按连续梁或框架分析的托梁各跨跨中最大弯矩；

M_{2i}——荷载设计值 Q_2 作用下简支梁跨中弯矩或按连续梁或框架分析的托梁各跨跨中弯矩中的最大值；

a_M——考虑墙梁组合作用的托梁跨中弯矩系数，按《规范》式（7.3.6-3）或式（7.3.6-6）计算，但对自承重简支梁应乘以 0.8；当式（7.3.6-3）中的 $h_b/l_0 > 1/6$ 时，取 $h_b/l_0 = 1/6$，当式（7.3.6-3）中的 $h_b/l_{0i} > 1/7$ 时，取 $h_b/l_{0i} = 1/7$；当 $a_M > 1.0$ 时，取 $a_M = 1.0$；

η_N——考虑墙梁组合作用的托梁跨中轴力系数，按《规范》式（7.3.6-5）或式（7.3.6-8）计算，但对自承重简支墙梁应乘以 0.8；式中，当 $h_w/l_{0i} > 1$ 时，取 $h_w/l_{0i} = 1$；

ψ_M——洞口对托梁弯矩的影响系数，对无洞口墙梁取 1.0，对有洞口墙梁可按《规范》式（7.3.6-4）或（7.3.6-7）计算。

② 托梁支座截面的弯矩应按混凝土受弯构件计算，对 j 支座的弯矩设计值 M_{bj} 可按下式计算：

$$M_{bj} = M_{1j} + a_M M_{2j} \qquad 《规范》式（7.3.6-9）$$

$$a_M = 0.75 - \frac{a_i}{l_{0i}} \qquad 《规范》式（7.3.6-10）$$

式中　M_{1j}——荷载设计值 Q_1、F_1 作用下按连续梁或框架分析的托梁支座弯矩；

M_{2j}——荷载设计值 Q_2 作用下按连续梁或框架分析的托梁支座弯矩；

a_M——考虑墙梁组合作用的托梁支座弯矩系数，无洞口墙梁取 0.4，有洞口墙梁按《规范》式（7.3.6-10）计算；

a_i——洞口边至墙梁最近支座的距离，当 $a_i > 0.35l_{0i}$ 时，取 $a_i = 0.35l_{0i}$。

以上参见《规范》7.3.6 条

（2）托梁斜截面受剪承载力计算

托梁斜截面受剪承载力应按钢筋混凝土受弯构件计算。其支座剪力设计值 V_{bj} 应按下式计算：

$$V_{bj} = V_{1j} + \beta_V V_{2j} \qquad 《规范》式（7.3.8）$$

式中　V_{1j}——荷载设计值 Q_1、F_1 作用下简支梁支座边缘剪力或按连续梁或框架分析的托梁支座边缘的剪力；

V_{2j}——荷载设计值 Q_2 作用下简支梁边缘剪力或按连续梁或框架分析的托梁支座边缘的剪力；

β_V——考虑组合作用的托梁剪力系数。无洞口墙梁边支座取 0.6，中支座取 0.7；有洞口墙梁边支座取 0.7，中支座取 0.8。对自承重简支墙梁，无洞口时取 0.45，有洞口时取 0.5。

以上参见《规范》7.3.8 条

（3）墙体受剪承载力计算

墙体受剪承载力的影响因素如图 7-20 所示。

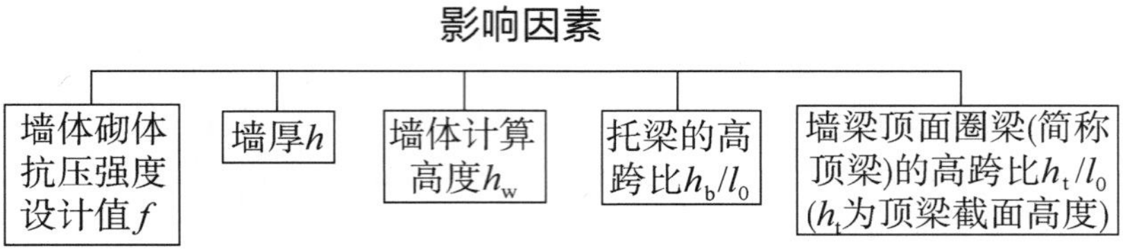

图 7-20　墙体受剪承载力的影响因素

说　明

　　近年的试验研究表明，墙体受剪承载力不仅与墙体砌体抗压强度设计值 f、墙厚 h、墙体计算高度 h_w 及托梁的高跨比 h_b/l_0 有关，还与墙梁顶面圈梁（简称顶梁）的高跨比 h_t/l_0 有关（h_t 为墙梁顶面圈梁截面高度）。顶梁如同设置在墙体上的弹性地基梁，能将楼层荷载部分传至支座，并与托梁一起约束墙体的横向变形，延缓和阻滞墙体裂缝的发展，因而提高了墙体的抗剪能力。

　　《规范》在试验基础上，给出了考虑顶梁作用的墙梁墙体受剪承载力计算公式如下：

$$V_2 \leqslant \xi_1 \xi_2 \left(0.2 + \frac{h_b}{l_{0i}} + \frac{h_t}{l_{0i}} \right) fhh_w \qquad \text{《规范》式（7.3.9）}$$

式中　V_2——在荷载设计值 Q_2 作用下墙梁支座边缘剪力的最大值；

　　　　ξ_1——翼墙或构造柱影响系数，对单层墙梁取 1.0；对多层墙梁，当 $b_f/h = 3$ 时取 1.3，当 $b_f/h = 7$ 或设置构造柱时取 1.5，当 $3 < b_f/h < 7$ 时按线性插入取值；

　　　　ξ_2——洞口影响系数，无洞口墙梁取 1.0，多层有洞口墙梁取 0.9，单层有洞口墙梁取 0.6；

　　　　h_t——墙梁顶面圈梁截面高度。

以上参见《规范》7.3.9 条

　　（4）托梁支座上部砌体局部受压承载力验算

　　墙梁由于组合拱作用，在托梁支座上部竖向压应力比较大，设其最大竖向压应力为 σ_{ymax}，为了保证砌体的局部受压强度，应满足：

$$\sigma_{ymax} \leqslant \gamma f \qquad (7\text{-}1)$$

式中　γ——墙体局部抗压强度提高系数；

　　　　f——墙体抗压强度设计值。

　　上式物理意义很明确，但在工程中使用不方便。将上式两边各乘以 h/Q_2 得：

$$\sigma_{ymax} \cdot h/Q_2 \leqslant \gamma f \cdot h/Q_2 \qquad (7\text{-}2)$$

　　令 $C = \sigma_{ymax} \cdot h/Q_2$（$C$ 为应力集中系数），则上式变为 $Q_2 \leqslant \gamma fh/C$。

　　令 $\xi = \gamma/C$（ξ 为局压系数），即得《规范》采用的托梁上部砌体局部受压承载力计算公式：

$$Q_2 \leqslant \xi fh \qquad \text{《规范》式（7.3.10-1）}$$

式中　Q_2——作用在墙梁顶部的均布荷载设计值；

　　ξ——局压系数。

根据试验结果，《规范》给出 ξ 值计算如下：

$$\xi = 0.25 + 0.08 b_f/h \qquad\qquad 《规范》式(7.3.10\text{-}2)$$

式中　b_f——翼墙计算宽度。

当按上式计算的 $\xi > 0.81$ 时，取 $\xi = 0.81$。

> **注意**
>
> 　当 $b_f/h \geqslant 5$ 或墙梁支座处设置上、下贯通的落地构造柱时，可不验算局部抗压承载力。

以上参见《规范》7.3.10 条

2. 施工阶段（不考虑墙体）

施工阶段的计算要点如图 7-21 所示。

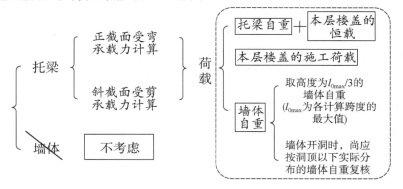

图 7-21　施工阶段的计算

说　明

　　在施工阶段，托梁与墙体的组合拱作用还没有形成，因此不能按墙梁计算。施工阶段的荷载应由托梁单独承受。

　　托梁应按钢筋混凝土受弯构件进行正截面抗弯和斜截面抗剪承载力验算。施工阶段作用在托梁上的荷载为以下几项：

　　（1）托梁自重及本层楼盖的永久荷载；

　　（2）本层楼盖的施工荷载；

　　（3）墙体自重，可取高度为 $l_{0max}/3$ 的墙体自重（l_{0max} 为各计算跨度的最大值）；墙体开洞时，尚应按洞顶以下实际分布的墙体自重复核。

以上参见《规范》7.3.11 条

✳ 7.2.4 墙梁的构造要求

墙梁的构造要求如图 7-22 所示。

(1)托梁和框支柱的混凝土≥C30

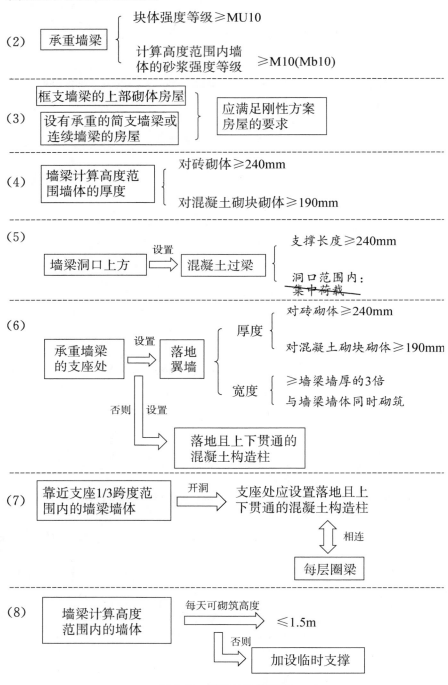

图 7-22 墙梁的构造要求

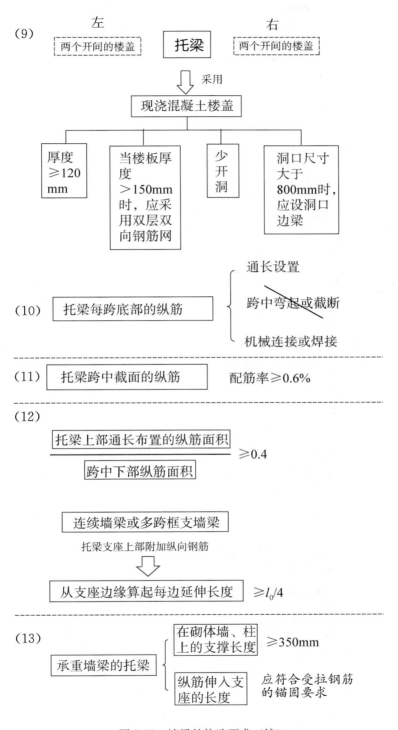

图 7-22 墙梁的构造要求（续）

（14）

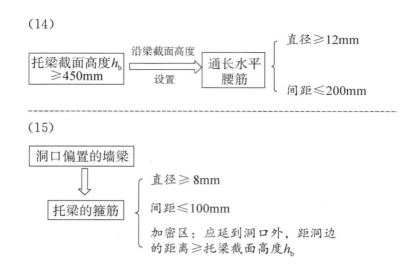

（15）

图 7-22　墙梁的构造要求（续）

说　明

（1）托梁和框支柱的混凝土强度等级不应低于 C30。

（2）承重墙梁的块体强度等级不应低于 MU10，计算高度范围内墙体的砂浆强度等级不应低于 M10（Mb10）。

（3）框支墙梁的上部砌体房屋，以及设有承重的简支墙梁或连续墙梁的房屋，应满足刚性方案房屋的要求。

（4）墙梁的计算高度范围的墙体厚度，对砖砌体不应小于 240mm，对混凝土砌块砌体不应小于 190mm。

（5）墙梁洞口上方应设置混凝土过梁，其支撑长度不应小于 240mm；洞口范围内不应施加集中荷载。

（6）承重墙梁的支座处应设置落地翼墙。翼墙的厚度：对砖砌体不应小于 240mm，对混凝土砌块砌体不应小于 190mm；翼墙的宽度不应小于墙梁墙体厚度的 3 倍，并与墙梁墙体同时砌筑。当不能设置翼墙时，应设置落地且上下贯通的混凝土构造柱。

（7）当墙梁墙体在靠近支座 1/3 跨度范围内开洞时，支座处应设置落地且上下贯通的混凝土构造柱，并与每层圈梁连接。

（8）墙梁计算高度范围内的墙体，每天可砌筑高度不应超过 1.5m。否则，应加设临时支撑。

（9）托梁两侧各两个开间的楼盖应采用现浇混凝土楼盖，楼板厚度不应小于 120mm。当楼板厚度大于 150mm 时，应采用双层双向钢筋网，楼板上应少开洞，洞口尺寸大于 800mm 时应设洞口边梁。

（10）托梁每跨底部的纵向受力钢筋应通长设置，不应在跨中弯起或截断。钢筋连接应采用机械连接或焊接。

（11）托梁跨中截面的纵向受力钢筋纵筋率不应小于0.6%。

（12）托梁上部通长布置的纵向钢筋面积与跨中下部纵向钢筋的面积之比值不应小于0.4；连续墙梁或多跨框支墙梁的托梁支座上部附加纵向钢筋从支座边缘算起每边延伸长度不应小于$l_0/4$。

（13）承重墙梁的托梁在砌体墙、柱上的支撑长度不应小于350mm；纵向受力钢筋伸入支座的长度应符合受拉钢筋的锚固要求。

（14）当托梁截面高度h_b大于等于450mm时，应沿梁截面高度设置通长水平腰筋，其直径不应小于12mm，间距不应大于200mm。

（15）对于洞口偏置的墙梁，其托梁的箍筋加密区范围应延到洞口外，距洞边的距离大于等于托梁截面高度h_b（《规范》图7.3.12），箍筋直径不应小于8mm，间距不应大于100mm。

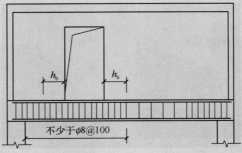

《规范》图7.3.12　偏开洞时托梁箍筋加密区

以上参见《规范》7.3.12条

第8章 构造措施和墙体高厚比要求

8.1 一般构造要求

✸ 8.1.1 墙、柱的最小截面尺寸要求

（1）承重墙厚：

➤ 砖和砌块墙≥180mm；

➤ 毛石墙≥350mm。

（2）对窗间墙和转角墙的宽度要求如图 8-1 所示。

窗间墙宽度≥1000mm　　　　转角墙宽度≥600mm

图 8-1　某窗间墙和转角墙

（3）承重独立砖柱：≥240mm×370mm。

（4）毛料石柱截面的较小边长：≥400mm。

注：当有振动荷载时，墙、柱不宜采用毛石砌体。

以上参见《规范》6.2.5条

✸ 8.1.2 墙体转角处和纵横墙交接处的要求

如图 8-2 所示。

沿竖向每隔400～500mm

- 设拉结钢筋 ┄┄┄ 每120mm墙厚不少于1根直径6mm的钢筋

或

- 设焊接钢筋网片 ┄┄┄ 埋入长度从墙的转角或交接处算起：
  - ➤ 对实心砖墙,每边≥500mm；
  - ➤ 对多孔砖墙和砌块墙,≥700mm

图 8-2　墙体转角处和纵横墙交接处的要求

墙体转角处和纵横墙交接处应沿竖向每隔 400～500mm 设拉结钢筋，数量为每 120mm 墙厚不少于 1 根直径 6mm 的钢筋；或采用焊接钢筋网片，埋入长度从墙的转角或交接处算起，对实心砖墙每边不小于 500mm，对多孔砖墙和砌块墙不小于 700mm。

以上参见《规范》6.2.2 条

✳ 8.1.3　墙体(柱)与楼(屋)盖构件的连接构造要求

1. 预制钢筋混凝土楼板与墙体

预制钢筋混凝土楼板如图 8-3 所示，连接构造要求如图 8-4 所示。支撑在墙体上的预制板如图 8-5 和图 8-6 所示。

图 8-3　某预制钢筋混凝土楼板

预制钢筋混凝土板

支撑长度 ≥100mm

墙体

连接方法：

(1)板支撑于内墙：　▷板端钢筋伸出长度不应小于70mm，且与支座处沿墙配置的纵筋绑扎；

▷用强度等级不应低于C25的混凝土浇筑成板带；

100

(2)板支撑于外墙：

(3)与现浇板对接：

板端钢筋 ⟹伸入⟹ 现浇板 ⟹进行连接⟹ 浇筑现浇板

图 8-4　预制钢筋混凝土板与墙体的连接构造要求

预制钢筋混凝土板在墙上的支撑长度不应小于 100mm，并应按下列方法进行连接：

(1) 板支撑于内墙时，板端钢筋伸出长度不应小于 70mm，且与支座处沿墙配置的纵筋绑扎，用强度等级不低于 C25 的混凝土浇筑成板带。

(2) 板支撑于外墙时，板端钢筋伸出长度不应小于 100mm，且与支座处沿墙配置的纵筋绑扎，并用强度等级不低于 C25 的混凝土浇筑成板带。

(3) 预制钢筋混凝土板与现浇板对接时，预制板端钢筋应伸入现浇板中进行连接后，再浇筑现浇板。

以上参见《规范》6.2.1 条

图 8-5　预制板支撑在墙体上（一）　　　图 8-6　预制板支撑在墙体上（二）

2. 预制钢筋混凝土板与圈梁

连接构造要求如图 8-7 所示。

预制钢筋混凝土板

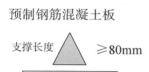

支撑长度　≥80mm

混凝土圈梁

图 8-7　预制钢筋混凝土板与圈梁的连接构造要求

说　明

预制钢筋混凝土板在混凝土圈梁上的支撑长度不应小于 80mm，板端伸出的钢筋应与圈梁可靠连接，且同时浇筑。

以上参见《规范》6.2.1 条

3. 锚固件

锚固件的采用要求如图 8-8 所示。

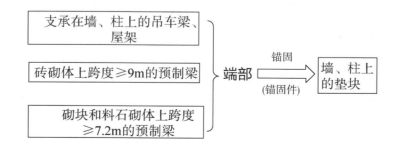

图 8-8　锚固件的采用要求

图 8-9　济南某山墙

4. 山墙

山墙实例如图 8-9 所示。构造要求如图 8-10 所示。

壁柱　⟹　宜砌至山墙顶部

与屋面构件可靠拉结

图 8-10　山墙的构造要求

✳ 8.1.4　砌块砌体的构造要求

（1）砌块砌体应分皮错缝塔砌，要求如图 8-11 所示。加气混凝土砌块砌筑如图

8-12所示。

图 8-11　构造要求（一）

图 8-12　加气混凝土砌块砌筑（供图：张平）

以上参见《规范》6.2.10条

（2）砌块墙与后砌墙交接处构造要求如图 8-13 所示。

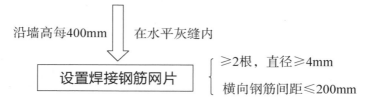

图 8-13　构造要求（二）

说　明

砌块墙与后砌墙交接处，应沿墙高每 400mm 在水平灰缝内设置不少于 2 根直径不小于 4mm、横向钢筋的间距不应大于 200mm 的焊接钢筋网片。

以上参见《规范》6.2.11条

（3）对混凝土砌块房屋，构造要求如图 8-14 所示。

图 8-14　构造要求（三）

（4）其他构造要求，如图 8-15 所示。

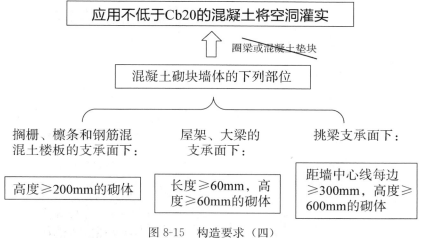

图 8-15　构造要求（四）

✲ 8.1.5 砌体内开槽及埋设管道

有关要求如图 8-16 所示。应用实例如图 8-17 和图 8-18 所示。

➤ 截面长边＜500mm的承重墙、独立柱： ～~埋设管线~~

➤ ~~墙体中穿行暗线或预留、开凿沟槽~~

无法避免时 ⟹ 采取必须措施或按削弱后的截面
验算墙体的承载力

图 8-16 开槽及埋设管道的要求

图 8-17 墙体内开槽（一）（供图：宋本腾）

图 8-18 墙体内开槽（二）

说　明

不应在截面长边小于 500mm 的承重墙、独立柱内埋设管线。

不宜在墙体中穿行暗线或预留、开凿沟槽，无法避免时应采取必要措施或按削弱后的截面验算墙体的承载力。

注：对受力较小或未灌孔的砌块砌体，允许在墙体的竖向空洞内设置管线。

以上参见《规范》6.2.4 条

8.2 刚性和刚弹性方案的横墙应满足的条件

横墙应满足的条件如图 8-19 所示。

① 墙厚≥180mm

② 洞口水平截面积≤总截面积的50%

③ 单层房屋横墙：长度≥高度

④ 多层房屋横墙：长度≥总高度的1/2

图 8-19 刚性和刚弹性方案的横墙应满足的条件

以上参见《规范》4.2.2 条

注意

（1）当横墙不能同时符合上述要求时，应对横墙的刚度进行验算，如其最大水平位移值 $\mu_{max} \leqslant H/4000$（$H$ 为横墙总高度）时，仍可视作刚性或刚弹性方案房屋的横墙。

（2）凡符合第（1）条刚度要求的一段横墙或其他结构构件（如框架等），也可视作刚性或刚弹性方案房屋的横墙。

8.3 夹 心 墙

夹心墙构造要求如图 8-20 所示。

①夹层厚度 ≤120mm

②外叶墙
- 砖及混凝土砌块 ≥MU10
- 最大横向支撑间距（抗震设防烈度）
  - 6度： ≤9m
  - 7度： ≤6m
  - 8、9度： ≤3m

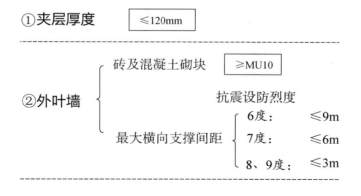

图 8-20 夹心墙的构造要求

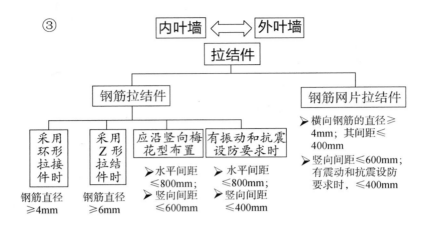

图 8-20 夹心墙的构造要求（续）

说　明

（1）夹心墙的夹层厚度，不宜大于 120mm。

（2）外叶墙的砖及混凝土砌块的强度等级，不应低于 MU10。

夹心墙的外叶墙处于环境恶劣的室外，当采用低强度的外叶墙时，易因劣化、脱落而毁物伤人。故对其强度等级提出了较高的要求。

（3）夹心墙外叶墙的最大横向支撑间距，宜按下列规定采用：设防烈度为 6 度时不宜大于 9m；7 度时不宜大于 6m；8、9 度时不宜大于 3m。

（4）夹心墙的内、外叶墙，应有拉结件可靠拉结，拉结件宜符合下列规定：

➢ 当采用钢筋拉结件时：若为环形拉结件，钢筋直径不应小于 4mm，若为 Z 形拉结件，钢筋直径不应小于 6mm。拉结件应沿竖向梅花形布置，拉结件的水平和竖向最大间距不宜大于 800mm 和 600mm；对有振动和抗震设防要求时，其水平和竖向最大间距不宜大于 800mm 和 400mm。

➢ 当采用钢筋网片作拉结件时，网片横向钢筋的直径不应小于 4mm，其间距不应大于 400mm，竖向间距不宜大于 600mm；有震动和抗震设防要求时，不宜大于 400mm。

以上参见《规范》6.4.1 条、6.4.2 条、6.4.4 条及 6.4.5 条第 1、3 款

另外，两种拉结方案对比实验表明：采用钢筋拉结件的夹芯墙片，不仅破坏较轻，并且其变形能力和承载能力的发挥也较好。

拉结件的选择与设置如图 8-21 所示。

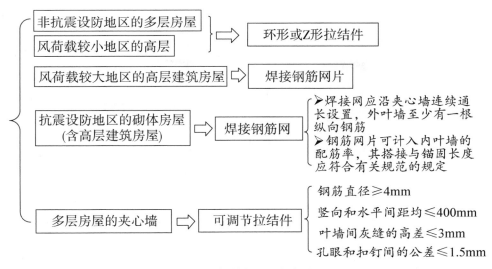

图 8-21　拉结件的选择与设置

说　明

（1）夹心墙宜用不锈钢拉结件。拉结件用钢筋制作或采用钢筋网片时，先应进行防腐处理，并应符合《规范》第 4.3 节的有关规定。

（2）非抗震设防地区的多层房屋，或风荷载较小地区的高层的夹心墙可采用环形或 Z 形拉结件；风荷载较大地区的高层建筑房屋宜采用焊接钢筋网片。

（3）抗震设防地区的砌体房屋（含高层建筑房屋）夹心墙应采用焊接钢筋网作为拉结件。焊接网应沿夹心墙连续通长设置，外叶墙至少有一根纵向钢筋。钢筋网片可计入内叶墙的配筋率，其搭接与锚固长度应符合有关规范的规定。

（4）可调节拉结件宜用于多层房屋的夹心墙，其直径不应小于 4mm，竖向和水平间距均不应大于 400mm。叶墙间灰缝的高差不大于 3mm，孔眼和扣钉之间的公差不大于 1.5mm。

以上参见《规范》6.4.5 条第 2 款及 6.4.6 条

其他设置要求如图 8-22 所示。

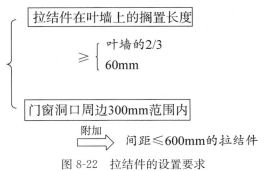

图 8-22　拉结件的设置要求

说 明

（1）拉结件在叶墙上的搁置长度，不应小于叶墙的 2/3，并不小于 60mm。
（2）门窗洞口周边 300mm 范围内应附加间距不大于 600mm 的拉结件。

以上参见《规范》6.4.5 条第 4、5 款

8.4 框 架 填 充 墙

8.4.1 框架填充墙的构造

框架填充墙的构造，应符合的规定如图 8-23 所示。砌块填充墙实例如图 8-24 所示。

宜选用轻质块体材料	强度等级应符合《规范》3.1.2条的规定
砌筑砂浆	≥M5
墙体厚度	≥90mm
若用夹心复合砌块	其两肢块体之间应有拉结

图 8-23　框架填充墙的构造规定

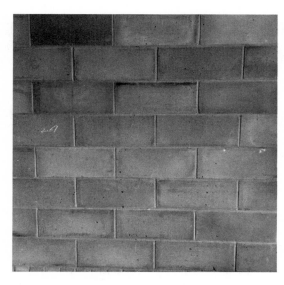

图 8-24　砌块填充墙（供图：宋本腾）

✳ 8.4.2　填充墙与框架的连接

可根据设计要求采用脱开或不脱开方法。填充墙与框架"不脱开"的构造要求如图 8-25～图 8-30 所示。

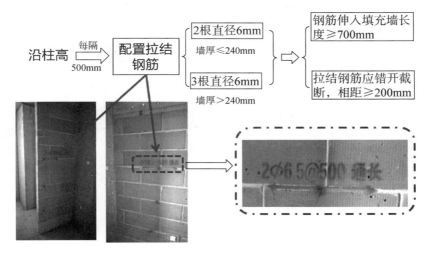

图 8-25　"不脱开"的构造要求（一）

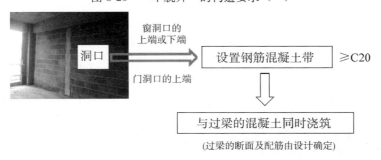

图 8-26　"不脱开"的构造要求（二）

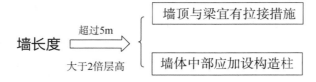

墙长度 —超过5m→ 墙顶与梁宜有拉接措施

大于2倍层高 → 墙体中部应加设构造柱

墙高度 超过4m 在墙高中部设置与柱连接的水平系梁

超过6m 沿墙高每2m设置与柱连接的水平系梁，梁的截面高度≥60mm。

图 8-27 "不脱开"的构造要求（三）

图 8-28 拉结筋的设置

图 8-29 沿柱高配置的拉结钢筋

填充墙墙顶 ⟷ 框架梁

紧密结合

用一皮砖或配砖斜砌楔紧

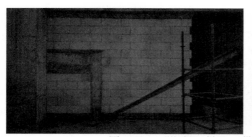

图 8-30 "楔紧"做法（供图：宋本腾）

（1）沿柱高每隔500mm配置2根直径6mm的拉结钢筋（墙厚大于240mm时配置3根直径6mm），钢筋伸入填充墙长度不宜小于700mm，且拉结钢筋应错开截断，相距不宜小于200mm。填充墙墙顶应与框架梁紧密结合。顶面与上部结构接触处宜用一皮砖或配砖斜砌楔紧。

（2）当填充墙有洞口时，宜在窗洞口的上端或下端、门洞口的上端设置钢筋混凝土带，钢筋混凝土带应与过梁的混凝土同时浇筑，其过梁的断面及配筋由设计确定。钢筋混凝土带的混凝土强度等级不小于C20。当有洞口的填充墙尽端至门窗洞口边距离小于240mm时，宜采用钢筋混凝土门窗框。

（3）填充墙长度超过5m或墙长大于2倍层高时，墙顶与梁宜有拉结措施，墙体中部应加设构造柱；墙高度超过4m时宜在墙高中部设置与柱连接的水平系梁；墙高超过6m时，宜沿墙高每2m设置与柱连接的水平系梁，梁的截面高度不小于60mm。

以上参见《规范》6.3.4条第2款

注意

如图8-31所示。

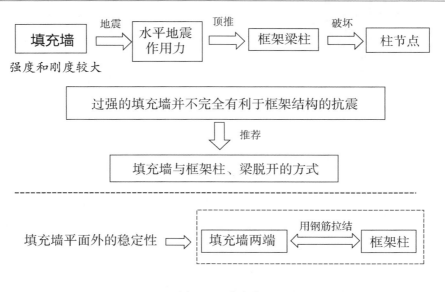

图8-31　注意点

震害经验表明，嵌砌在框架和梁中间的填充墙砌体，当强度和刚度较大，在地震发生时，产生的水平地震作用力，将会顶推框架梁柱，易造成柱节点处的破坏，所以过强的填充墙并不完全有利于框架结构的抗震。

因此，目前推荐采用填充墙与框架柱、梁脱开的方式，是为在地震发生时，减小填充墙对框架梁柱的顶推作用，避免框架的损坏。但为了保证填充墙平面外的稳定性，在填充墙两端与框架柱之间宜用钢筋拉结。

填充墙与框架"脱开"的构造要求如图 8-32～图 8-39 所示。

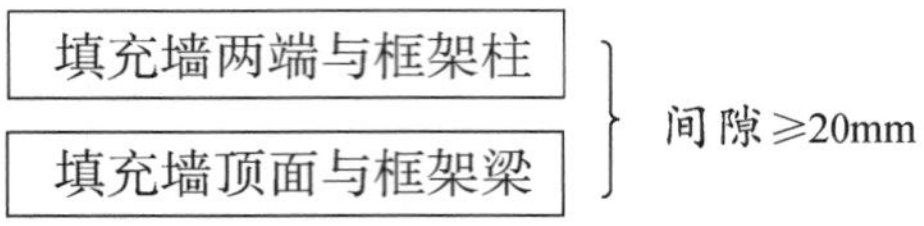

填充墙两端与框架柱

填充墙顶面与框架梁

间隙≥20mm

图 8-32　"脱开"的构造要求（一）

图 8-33　填充墙顶面与框架梁的间隙（供图：何清耀）

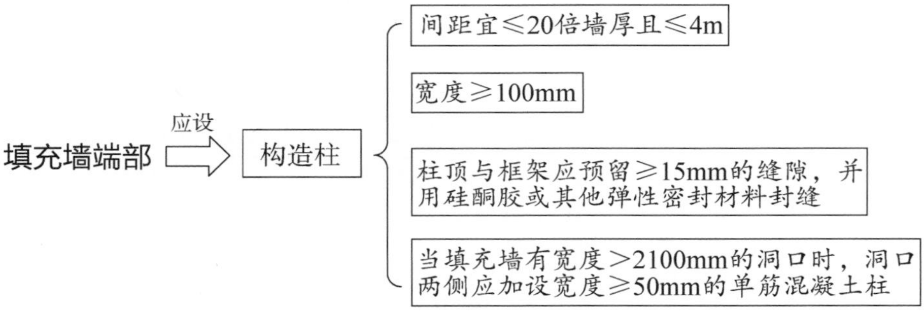

填充墙端部 ──应设──> 构造柱

间距宜≤20倍墙厚且≤4m

宽度≥100mm

柱顶与框架应预留≥15mm的缝隙，并用硅酮胶或其他弹性密封材料封缝

当填充墙有宽度≥2100mm的洞口时，洞口两侧应加设宽度≥50mm的单筋混凝土柱

图 8-34　"脱开"的构造要求（二）

图 8-35 填充墙端部的构造柱（供图：何清耀）

填充墙两端 ——卡入——→ 设在梁、板底及柱侧的卡口铁件

墙侧卡口板的竖向间距≤500mm

墙顶卡口板的水平间距≤1500mm

墙体高度≤6m

墙体高度＞4m ——在墙高中部设置——→ 与柱连通的水平系梁 ⬇ 截面高度≥60mm

图 8-36 "脱开"的构造要求（三）

图 8-37 某工程的水平系梁

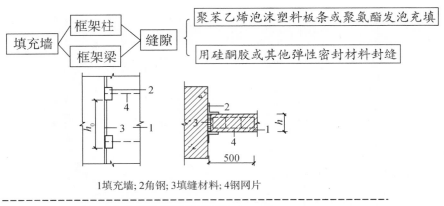

1 填充墙; 2 角钢; 3 填缝材料; 4 钢网片

连接用钢筋、金属配件、铁件、预埋件等 ——— 均应做防腐防锈处理

嵌缝材料 ——— 能满足变形和防护要求

图 8-38 "脱开"的构造要求（四）

图 8-39 填充墙的构造柱（供图：宋本腾）

说　明

（1）填充墙两端与框架柱、填充墙顶面与框架梁之间留出不小于 20mm 的间隙；填充墙端部应设置构造柱，柱间距宜不大于 20 倍墙厚且不大于 4m，柱宽度不小于 100mm。（钢筋构造略）

柱顶与框架应预留不小于 15mm 的缝隙，并用硅酮胶或其他弹性密封材料封缝。当填充墙有宽度大于 2100mm 的洞口时，洞口两侧应加设宽度不小于 50mm 的单筋混凝土柱。

（2）填充墙两端宜卡入设在梁、板底及柱侧的卡口铁件内，墙侧卡口板的竖向间距不宜大于 500mm，墙顶卡口板的水平间距不宜大于 1500mm。

（3）墙体高度超过 4m 时，宜在墙高中部设置与柱连通的水平系梁。水平系梁的截面高度不小于 60mm。填充墙高不宜大于 6m。

（4）填充墙与框架柱、梁的缝隙可用聚苯乙烯泡沫塑料板条或聚氨酯发泡充填，并用硅酮胶或其他弹性密封材料封缝；

（5）所有连接用钢筋、金属配件、铁件、预埋件等均应做防腐防锈处理，符合《规范》4.3 节的规定。嵌缝材料应能满足变形和防护要求。

以上参见《规范》6.3.4 条第 1 款

✳ 8.4.3　防裂措施

防裂措施如图 8-40 所示。应用实例如图 8-41～图 8-45 所示。

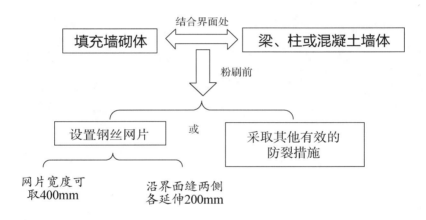

图 8-40　防裂措施

说　明

填充墙砌体与梁、柱或混凝土墙体结合的界面处包括内、外，宜在粉刷前设置钢丝网片，网片宽度可取 400mm，并沿界面缝两侧各延伸 200mm，或采取其他有效的防裂措施。

以上参见《规范》6.5.6 条

图 8-41 某工地堆放的钢丝网片

图 8-42 设置钢丝网片（供图：何清耀）

图 8-43 某工地的钢丝网片设置

图 8-44 某工程的钢丝网片设置（供图：宋本腾）

图 8-45 某工地待用的钢丝网片

8.5 墙体高厚比的要求

考虑墙体的稳定性和刚度问题，需要有个允许高厚比 $[\beta]$。影响允许高厚比 $[\beta]$ 确定的主要因素如图 8-46 所示。

图 8-46 影响允许高厚比 $[\beta]$ 确定的主要因素

$[\beta]$ 值可查《规范》表 6.1.1。

《规范》表 6.1.1 墙、柱的允许高厚比 $[\beta]$ 值

砌体类型	砂浆强度等级	墙	柱
无筋砌体	≥M7.5 或 Mb7.5、Ms7.5	26	17
	M5 或 Mb5、Ms5	24	16
	M2.5	22	15
配筋砌块砌体	—	30	21

注：1. 毛石墙、柱允许高厚比应按表中数值降低 20%。

2. 对组合砖砌体构件，可提高 20%，但不大于 28。

3. 验算施工阶段砂浆尚未硬化的新砌砌体高厚比时，允许高厚比对墙取 14，对柱取 11。

4. 变截面柱的高厚比可按上、下截面分别验算。验算上柱的高厚比时，允许高厚比可按表中数值乘以 1.3 后采用。

✳ 8.5.1 矩形截面墙、柱高厚比验算

按《规范》式（6.1.1）验算：

$$\beta = \frac{H_0}{h} \leqslant \mu_1 \mu_2 [\beta] \qquad 《规范》式（6.1.1）$$

式中　H_0——墙、柱的计算高度，可按《规范》表 5.1.3 取值；

h——墙厚或与矩形柱较小边长；

μ_1——墙厚≤240mm 的非承重墙允许高厚比修正系数。根据《规范》6.1.3 条第 1 款取值：当 $h=240$mm 时，$\mu_1=1.2$；当 $h=90$mm 时，$\mu_1=1.50$。中间数值按内插取值；

注：μ_1 只针对非承重墙的情况。如果是承重墙，则不考虑 μ_1，只考虑 μ_2 即可。

μ_2——有门窗洞口墙允许高厚比修正系数；按下式计算：

$$\mu_2 = 1 - 0.4 b_s/s \qquad 《规范》式（6.1.4）$$

s——相邻窗间墙或壁柱之间的距离（或验算墙片的总长度）；

b_s——在宽度为 s 范围内的门窗洞口宽度。

注：1. 当按上式计算的 μ_2 值小于 0.7 时，μ_2 取为 0.7；

2. 当洞口高度等于或小于墙高的 1/5 时，μ_2 取 1.0；

3. 当洞口高度大于或等于墙高的 4/5 时，可按独立墙段验算高厚比。

对非承重墙的高厚比验算，还需要注意两点，如图 8-47 所示。

> (1)上端为自由端：

$[\beta]$可提高30%

> (2)对厚度＜90mm的墙：

> 当双面采用不低于M10的水泥砂浆抹面、包括抹面层的墙厚≥90mm

> 可按墙厚等于90mm验算高厚比

图 8-47　非承重墙高厚比验算的注意点

以上参见《规范》6.1.2条第2、3款

✳ 8.5.2　带壁柱墙的高厚比验算

带壁柱墙应用实例如图 8-48 所示。墙体壁柱的设置要求如图 8-49 所示。

图 8-48　山东大学齐鲁医院北面某老建筑的带壁柱墙

> 厚度为240mm的砖墙　　　梁跨度≥6m时

> 厚度为180mm的砖墙　　　梁跨度≥4.8m时

> 砌块和料石墙　　　梁跨度≥4.8m时

图 8-49　墙体壁柱的设置要求

以上参见《规范》6.2.8条

带壁柱墙的高厚比验算分为两部分进行：

（1）对整片墙的验算

此时计算截面为 T 形截面，根据《规范》6.1.2 条第 1 款，高厚比验算公式为：

$$\beta = \frac{H_0}{h_T} \leqslant \mu_1\mu_2[\beta] \tag{8-1}$$

式中　h_T——带壁柱墙截面的折算厚度，$h_T = 3.5i$；

　　　i——带壁柱墙截面的回转半径，$i = \sqrt{\dfrac{I}{A}}$；

I、A——分别为带壁柱墙截面的惯性矩和面积；

　H_0——计算 H_0 时，墙长 s 取相邻壁柱间的距离。

（2）对壁柱间墙体的验算

基本按照《规范》式（6.1.1）进行，但需要注意：

① 计算 H_0 时，s 也取相邻壁柱间的距离；

② 对设有钢筋混凝土圈梁的带壁柱墙，验算要点如图 8-50 所示。

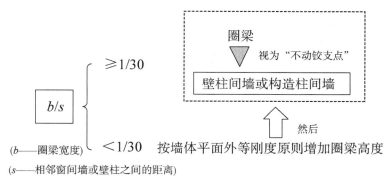

图 8-50　验算要点

当 $b/s \geqslant 1/30$ 时，圈梁可视作壁柱间墙的不动铰支点（b 为圈梁宽度）。

当不满足上述条件且不允许增加圈梁宽度时，可按墙体平面外等刚度原则增加圈梁高度。此时，圈梁仍可视为壁柱间墙的不动铰支点。

以上参见《规范》6.1.2 条第 3 款

✳ 8.5.3　带构造柱墙的高厚比验算

验算也分为两部分进行：

（1）对整片墙的验算

此时仍按照《规范》式（6.1.1）进行，注意：

① h 取墙厚；

② 确定 H_0 时，s 应取相邻横墙间的距离；

③ 允许高厚比 $[\beta]$ 可乘以系数 μ_c，μ_c 按下式计算：

$$\mu_c = 1 + \gamma \frac{b_c}{l} \qquad\qquad 《规范》式（6.1.2）$$

式中　γ——系数。对细料石砌体，$\gamma=0$；对混凝土砌块、混凝土多孔砖、粗料石、毛料石及毛石砌体，$\gamma=1.0$；其他砌体，$\gamma=1.5$；

　　　b_c——构造柱沿墙长方向的宽度；

　　　l——构造柱的间距。

当 $b_c/l > 0.25$ 时，取 $b_c/l = 0.25$；当 $b_c/l < 0.05$ 时，取 $b_c/l = 0$。

注：考虑构造柱有利作用的高厚比验算不适用于施工阶段。

（2）对构造柱间墙体的验算

基本按照《规范》式（6.1.1）进行，但需要注意：

① 计算 H_0 时，s 也取相邻构造柱间的距离；

② 对设有钢筋混凝土圈梁的带构造柱墙，验算要点如图 8-51 所示。

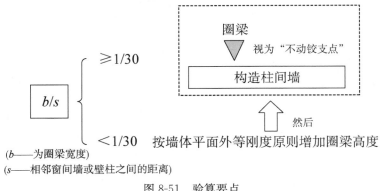

图 8-51　验算要点

当 $b/s \geqslant 1/30$ 时，圈梁可视作构造柱间墙的不动铰支点（b 为圈梁宽度）。

同样地，当不满足上述条件且不允许增加圈梁宽度时，可按墙体平面外等刚度原则增加圈梁高度。此时，圈梁仍可视为壁柱间墙或构造柱间墙的不动铰支点。

以上参见《规范》6.1.2 条

✳ 8.5.4　夹心墙的高厚比验算

此时有效厚度应按下式计算：

$$h_l = \sqrt{h_1^2 + h_2^2}$$
《规范》式(6.4.3)

式中　h_l——夹心复合墙的有效厚度；

h_1、h_2——分别为内、外叶墙的厚度。

以上参见《规范》6.4.3 条

第9章 砌体结构房屋抗震设计

砌体结构房屋抗震设计的思路如图 9-1 所示。

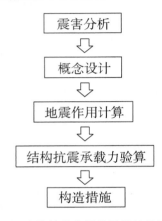

图 9-1 砌体结构房屋抗震设计的思路

9.1 砌体结构的震害

统计分析表明：未经抗震设防的多层砖房的抗震能力如图 9-2 所示。由图可知，未经抗震设防的多层砖房的抗地震破坏能力较低。

震害发生的原因如图 9-3 所示。

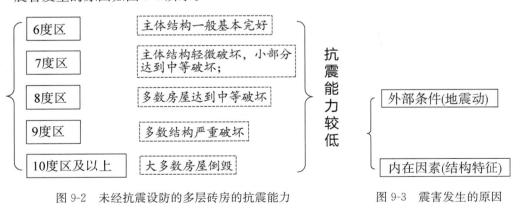

图 9-2 未经抗震设防的多层砖房的抗震能力　　图 9-3 震害发生的原因

✳ 9.1.1 从地震动的角度考察

地震波包括水平、垂直、扭转等方向的分量。

（1）与水平地震作用方向大体一致的墙体，会因墙体的主拉应力强度达到限值而产生斜裂缝。因地震力的反复作用，形成交叉裂缝。

（2）与水平地震作用方向基本垂直的墙体，尤其是房屋的纵墙，则会因出平面的弯曲破坏造成大面积的墙体甩落。

（3）受垂直方向地震作用的墙体，会因受拉出现水平裂缝。

（4）受扭转地震作用的房屋端部，尤其是墙角处，易于产生严重的震害。

✳ 9.1.2 从结构特征方面考察

结构特征影响震害的宏观规律如图9-4所示。

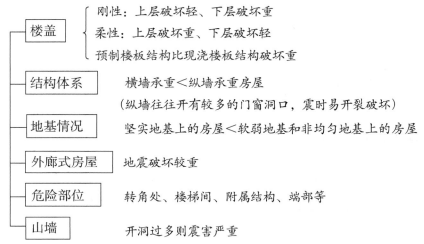

图9-4 结构特征影响震害的宏观规律

说　明

（1）对于柔性的木屋盖：整体性差，地震时木屋架易塌落，顶层墙体破坏严重。

（2）预制空心板间如无可靠连接，楼屋盖整体性差，地震破坏严重。

（3）房屋的转角处、楼梯间、附属结构（局部突出构件、围护结构）、端部等位置震害较重。

（4）山墙开洞较多：削弱墙体强度，地震后破坏严重。

9.2　抗 震 概 念 设 计

✳ 9.2.1 普通多层砌体结构房屋

1. 总层数和总高度

普通多层砌体结构房屋的总层数和总高度要求如图9-5所示。

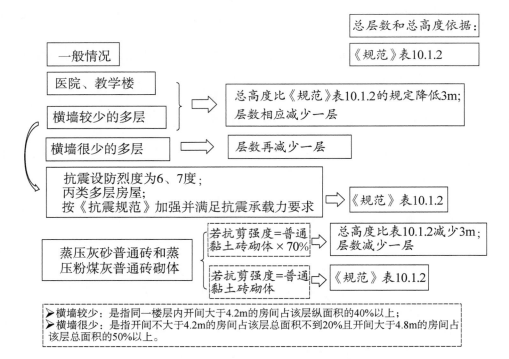

图 9-5 普通多层砌体结构房屋的总层数和总高度要求

《规范》表 10.1.2　多层砌体房屋的层数和总高度限值（m）

房屋类别		最小墙厚度（mm）	烈　度										
			6		7				8				9
			0.05g		0.10g		0.15g		0.20g		0.30g		0.40g
			高度	层数	高度	层数	高度	层数	高度	层数	高度	层数	高度	层数
多层砌体	普通砖	240	21	7	21	7	21	7	18	6	15	5	12	4
	多孔砖	240	21	7	21	7	18	6	18	6	15	5	9	3
	多孔砖	190	21	7	18	6	15	5	15	5	12	4	—	—
	小砌块	190	21	7	21	7	18	6	18	6	15	5	9	3
底部框架-抗震墙砌体房屋	普通砖多孔砖	240	22	7	22	7	19	6	16	5	—	—	—	—
	多孔砖	190	22	7	19	6	16	5	13	4	—	—	—	—
	混凝土砌块	190	22	7	22	7	19	6	16	5	—	—	—	—

注：1. 房屋的总高度指室外地面到主要屋面板板顶或檐口的高度，半地下室从地下室室内地面算起，全地下室和嵌固条件好的半地下室应允许从室外地面算起；对带阁楼的坡屋面应算到山尖墙的1/2高度处。

2. 室内外高差大于0.6m时，房屋总高度应允许比表中的数据适当增加，但增加量应少于1.0m。

3. 乙类的多层砌体房屋仍按本地区设防烈度查表，其层数应减少一层且总高度应降低3m；不应采用底部框架-抗震墙砌体房屋。

（1）一般情况下，层数和总高度不应超过《规范》表 10.1.2 的规定。

（2）对医院、教学楼等及横墙较少的多层砌体房屋，总高度应比《规范》表 10.1.2 的规定降低 3m，层数相应减少一层；各层横墙很少的多层砌体房屋，还应再减少一层。

注：横墙较少是指同一楼层内开间大于 4.2m 的房间占该层纵面积的 40% 以上；其中，开间不大于 4.2m 的房间占该层总面积不到 20% 且开间大于 4.8m 的房间占该层总面积的 50% 以上为横墙很少。

（3）抗震设防烈度为 6、7 度时，横墙较少的丙类多层砌体房屋，当按现行国家标准《建筑抗震设计规范》GB 50011 的规定采取加强措施并满足抗震承载力要求时，其高度和层数允许仍按《规范》表 10.1.2 中的规定采用。

（4）如砌体房屋采用的是蒸压灰砂普通砖和蒸压粉煤灰普通砖，当砌体的抗剪强度仅达到普通黏土砖砌体的 70% 时，房屋的层数应比普通砖房屋减少一层，总高度应减少 3m；当砌体的抗剪强度达到普通黏土砖砌体的取值时，房屋层数和总高度的要求同普通砖砌体。

以上参见《规范》10.1.2 条

2. 层高

普通多层砌体结构房屋的层高要求如图 9-6 所示。

限值

一般情况：　　$\leqslant 3.6m$

采用约束砌体等加强措施后：　　$\leqslant 3.9m$

图 9-6　普通多层砌体结构房屋的层高要求

一般不应超过 3.6m。但当使用功能确有需要时，采用约束砌体等加强措施的普通砖房屋，层高限值可提高到 3.9m。

以上参见《规范》10.1.4 条

✵ 9.2.2 配筋砌块砌体抗震墙结构房屋

1. 最大高度

配筋砌块砌体抗震墙结构房屋适用的最大高度如《规范》表10.1.3所示。

《规范》表 10.1.3 配筋砌块砌体抗震墙结构房屋适用的最大高度

结构类型		设防烈度和设计基本地震加速度					
最大墙厚（mm）		6度	7度		8度		9度
		0.05g	0.10g	0.15g	0.20g	0.30g	0.40g
配筋砌块砌体抗震墙	190mm	60	55	45	40	30	24
部分框支抗震墙		55	49	40	31	24	—

注：1. 房屋高度指室外地面到主要屋面板板顶的高度（不包括局部突出屋顶部分）。

2. 某层或几层开间大于6.0m以上的房间建筑面积占相应层建筑面积40%以上时，表中数据相应减少6m。

3. 房屋的高度超过表中高度时，应根据专门研究，采取有效的加强措施。

以上参见《规范》10.1.3条

2. 层高

配筋砌块砌体抗震墙结构房屋的层高要求如图9-7所示。

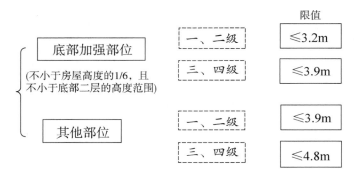

图 9-7　配筋砌块砌体抗震墙结构房屋的层高要求

说　明

（1）底部加强部位（不小于房屋高度的1/6，且不小于底部二层的高度范围）的层高（房屋总高度小于21m时取一层），一、二级不宜大于3.2m，三、四级不应大于3.9m。

（2）其他部位的层高，一、二级不宜大于3.9m，三、四级不应大于4.8m。

以上参见《规范》10.1.4条

3. 抗震墙的设置要求

配筋砌块砌体抗震墙房屋的抗震墙设置要求如图9-8所示。

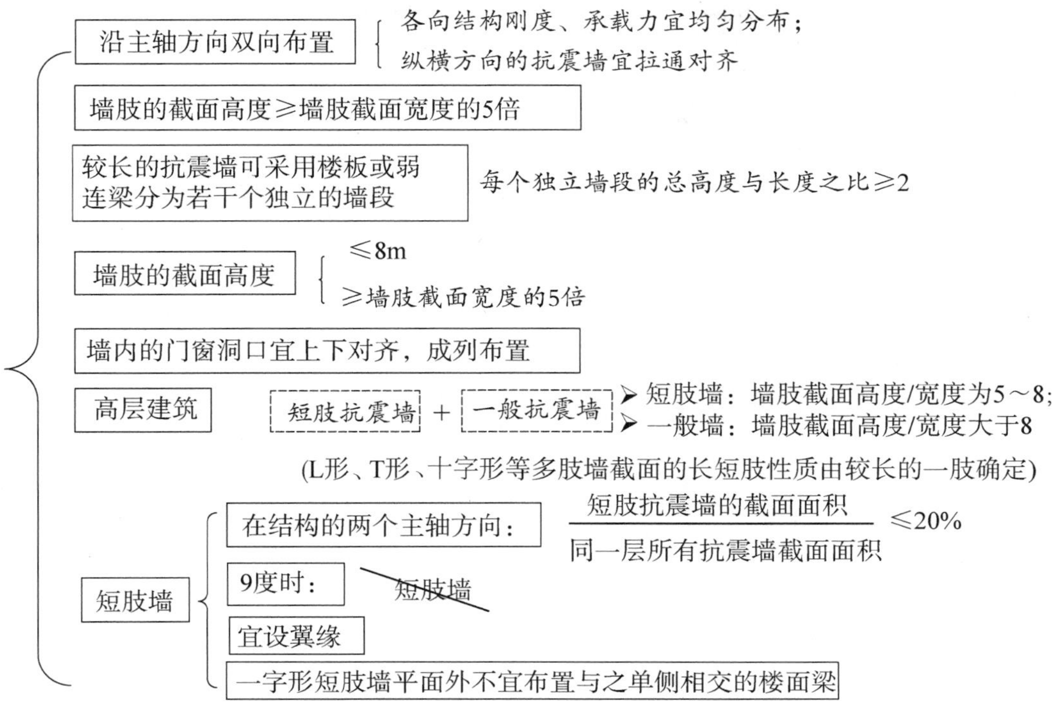

沿主轴方向双向布置 — 各向结构刚度、承载力宜均匀分布；
纵横方向的抗震墙宜拉通对齐

墙肢的截面高度≥墙肢截面宽度的5倍

较长的抗震墙可采用楼板或弱连梁分为若干个独立的墙段 — 每个独立墙段的总高度与长度之比≥2

墙肢的截面高度 — ≤8m
≥墙肢截面宽度的5倍

墙内的门窗洞口宜上下对齐，成列布置

高层建筑 — 短肢抗震墙 ＋ 一般抗震墙
➤ 短肢墙：墙肢截面高度/宽度为5～8；
➤ 一般墙：墙肢截面高度/宽度大于8
（L形、T形、十字形等多肢墙截面的长短肢性质由较长的一肢确定）

短肢墙
在结构的两个主轴方向： 短肢抗震墙的截面面积 / 同一层所有抗震墙截面面积 ≤20%
9度时： 短肢墙
宜设翼缘
一字形短肢墙平面外不宜布置与之单侧相交的楼面梁

图 9-8　配筋砌块砌体抗震墙房屋的抗震墙设置要求

说　明

（1）抗震墙应沿主轴方向双向布置，各向结构刚度、承载力宜均匀分布。

（2）纵横方向的抗震墙宜拉通对齐；较长的抗震墙可采用楼板或弱连梁分为若干个独立的墙段，每个独立墙段的总高度与长度之比不宜小于 2，墙肢的截面高度也不宜大于 8m。

（3）墙肢的截面高度不宜小于墙肢截面宽度的 5 倍。

（4）抗震墙的门窗洞口宜上下对齐，成列布置。

（5）高层建筑不宜采用全部为短肢墙的配筋砌块砌体抗震墙结构，宜形成短肢抗震墙与一般抗震墙共同抵抗水平地震作用的抗震结构。

所谓短肢抗震墙，指的是墙肢截面高度与宽度之比为 5～8 的抗震墙。比值大于 8 的为一般抗震墙。L形、T形、十字形等多肢墙截面的长短肢性质由较长的一肢确定。

（6）在结构的两个主轴方向，短肢抗震墙的截面面积与同一层所有抗震墙截面面积的比值不宜大于 20%。

（7）9 度时不宜采用短肢墙。

（8）短肢抗震墙宜设翼缘。一字形短肢墙平面外不宜布置与之单侧相交的楼面梁。

以上参见《规范》10.1.10 条

✳ 9.2.3 底部框架‑抗震墙砌体房屋

1. 层高
底部框架-抗震墙砌体房屋的层高要求如图9-9所示。

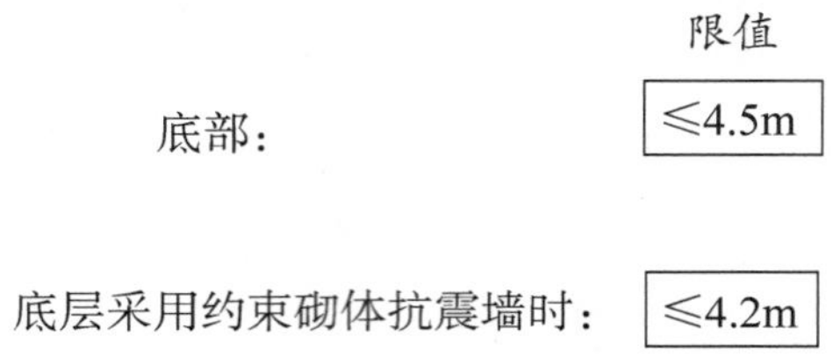

限值

底部： ≤4.5m

底层采用约束砌体抗震墙时： ≤4.2m

图9-9 底部框架-抗震墙砌体房屋的层高要求

以上参见《规范》10.1.4条

2. 结构布置的要求
结构布置的要求如图9-10所示。

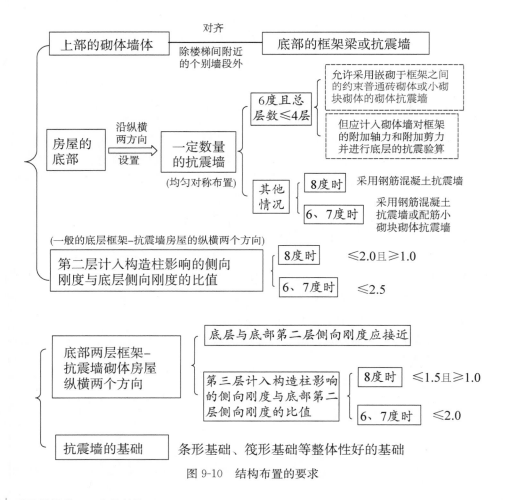

图9-10 结构布置的要求

（1）上部的砌体墙体与底部的框架梁或抗震墙，除楼梯间附近的个别墙段外均应对齐。

（2）房屋的底部，应沿纵横两方向设置一定数量的抗震墙，并应均匀对称布置。

① 6 度且总层数不超过 4 层的底层框架-抗震墙砌体房屋，应允许采用嵌砌于框架之间的约束普通砖砌体或小砌块砌体的砌体抗震墙，但应计入砌体墙对框架的附加轴力和附加剪力并进行底层的抗震验算；

② 其他情况：8 度时应采用钢筋混凝土抗震墙；6、7 度时应采用钢筋混凝土抗震墙或配筋小砌块砌体抗震墙。

（3）一般的底层框架-抗震墙房屋的纵横两个方向，第二层计入构造柱影响的侧向刚度与底层侧向刚度的比值：

① 6、7 度时不应大于 2.5；

② 8 度时不应大于 2.0，且均不应小于 1.0。

（4）底部两层框架-抗震墙砌体房屋纵横两个方向，底层与底部第二层侧向刚度应接近，第三层计入构造柱影响的侧向刚度与底部第二层侧向刚度的比值：

① 6、7 度时不应大于 2.0；

② 8 度时不应大于 1.5，且均不应小于 1.0。

（5）抗震墙应设置条形基础、筏形基础等整体性好的基础。

以上参见《抗震规范》7.1.8 条

3. 对钢筋混凝土结构部分的要求

要求如图 9-11 所示。

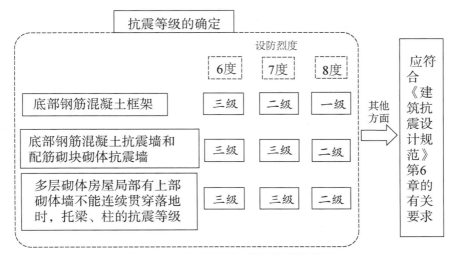

图 9-11　对钢筋混凝土结构部分的要求

应符合现行国家标准《建筑抗震设计规范》GB 50011—2010 第 6 章的有关要求。其中，根据《抗震规范》7.1.9 条，抗震等级按如下方法确定：

（1）底部钢筋混凝土框架的抗震等级，6、7、8 度时，应分别按三、二、一级采用。

（2）底部钢筋混凝土抗震墙和配筋砌块砌体抗震墙的抗震等级，6、7、8 度时应分别按三、三、二级采用。

（3）多层砌体房屋局部有上部砌体墙不能连续贯穿落地时，托梁、柱的抗震等级，6、7、8 度时应分别按三、三、二级采用。

以上参见《规范》10.1.9 条

✳ 9.2.4　部分框支配筋砌块砌体抗震墙结构房屋

部分框支抗震墙结构，指的是首层或底部两层为框支层的结构，不包括仅个别框支墙的情况。

1. 最大高度

参见 9.2.2 节《规范》表 10.1.3。

以上参见《规范》10.1.3 条

2. 结构布置要求

部分框支配筋砌块砌体抗震墙结构的布置要求如图 9-12 所示。

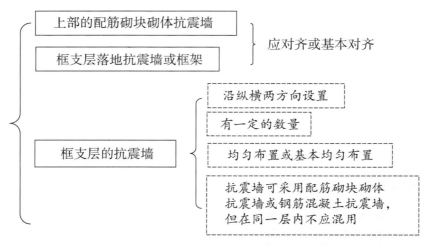

图 9-12　部分框支配筋砌块砌体抗震墙结构的布置要求

（1）上部的配筋砌块砌体抗震墙与框支层落地抗震墙或框架应对齐或基本对齐。

（2）框支层应沿纵横两方向设置一定数量的抗震墙，并均匀布置或基本均匀布置。框支层抗震墙可采用配筋砌块砌体抗震墙或钢筋混凝土抗震墙，但在同一层内不应混用。

以上参见《规范》10.1.11 条

✳ 9.2.5　对材料性能的要求

1. *砌体材料*

对砌体材料性能的要求如图 9-13 所示。

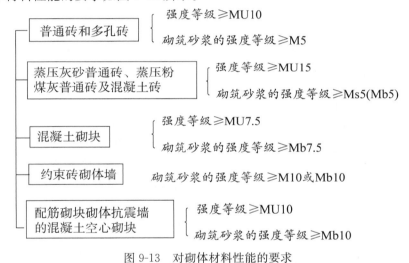

图 9-13　对砌体材料性能的要求

（1）普通砖和多孔砖的强度等级不应低于 MU10，其砌筑砂浆的强度等级不应低于 M5；蒸压灰砂普通砖、蒸压粉煤灰普通砖及混凝土砖的强度等级不应低于 MU15，其砌筑砂浆的强度等级不应低于 Ms5（Mb5）。

（2）混凝土砌块的强度等级不应低于 MU7.5，其砌筑砂浆的强度等级不应低于 Mb7.5。

（3）约束砖砌体墙，其砌筑砂浆的强度等级不应低于 M10 或 Mb10。

（4）配筋砌块砌体抗震墙，其混凝土空心砌块的强度等级不应低于 MU10，其砌筑砂浆的强度等级不应低于 Mb10。

以上参见《规范》10.1.12 条

2. 混凝土材料

对混凝土材料性能的要求如图9-14所示。

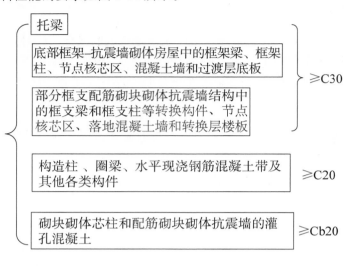

图 9-14 对混凝土材料性能的要求

说 明

（1）以下部位的混凝土强度等级不应低于C30：

① 托梁；

② 底部框架-抗震墙砌体房屋中的框架梁、框架柱、节点核芯区、混凝土墙和过渡层底板；

③ 部分框支配筋砌块砌体抗震墙结构中的框支梁和框支柱等转换构件、节点核芯区、落地混凝土墙和转换层楼板。

（2）构造柱、圈梁、水平现浇钢筋混凝土带及其他各类构件不应低于C20，砌块砌体芯柱和配筋砌块砌体抗震墙的灌孔混凝土强度等级不应低于Cb20。

3. 钢筋

对钢筋性能的要求如图9-15所示。

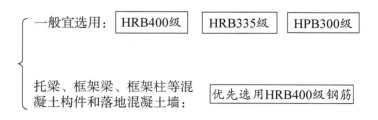

图 9-15 对钢筋性能的要求

（1）钢筋宜选用 HRB400 级钢筋和 HRB335 级钢筋，也可采用 HPB300 级钢筋；

（2）托梁、框架梁、框架柱等混凝土构件和落地混凝土墙，其普通受力钢筋宜优先选用 HRB400 级钢筋。

以上参见《规范》10.1.12 条

✳ 9.2.6　对配置的受力钢筋的锚固和接头要求

如图 9-16 所示。

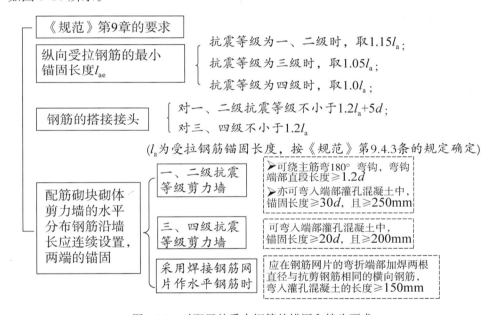

图 9-16　对配置的受力钢筋的锚固和接头要求

配置的受力钢筋的锚固和接头，除应符合《规范》第 9 章的要求外，还应符合下列规定：

（1）纵向受拉钢筋的最小锚固长度 l_{ae} 取值：

① 抗震等级为一、二级时，取 $1.15l_a$；

② 抗震等级为三级时，取 $1.05l_a$；

③ 抗震等级为四级时，取 $1.0l_a$。

其中，l_a 为受拉钢筋锚固长度，按《规范》第 9.4.3 条的规定确定。

（2）钢筋的搭接接头，对一、二级抗震等级不小于 $1.2l_a+5d$；对三、四级不小于 $1.2l_a$。

（3）配筋砌块砌体剪力墙的水平分布钢筋沿墙长应连续设置，两端的锚固应符合下列规定：

① 一、二级抗震等级剪力墙，水平分布钢筋可绕主筋弯 $180°$ 弯钩，弯钩端部直段长度不宜小于 $12d$；水平分布钢筋亦可弯入端部灌孔混凝土中，锚固长度不应小于 $30d$，且不应小于 $250mm$。

② 三、四级剪力墙，水平分布钢筋可弯入端部灌孔混凝土中，锚固长度不应小于 $20d$，且不应小于 $200mm$。

③ 当采用焊接钢筋网片作为剪力墙水平钢筋时，应在钢筋网片的弯折端部加焊两根直径与抗剪钢筋相同的横向钢筋，弯入灌孔混凝土的长度不应小于 $150mm$。

以上参见《规范》10.1.13 条

✳ 9.2.7 其他要求

1. **房屋的结构体系布置方面**

对房屋结构体系布置方面的要求如图 9-17 所示。

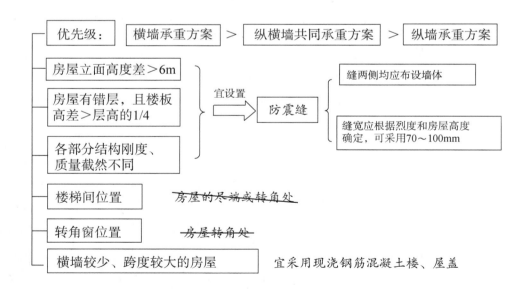

图 9-17 对房屋结构体系布置方面的要求

说　明

（1）对于多层砌体结构房屋，应优先采用横墙承重的结构布置方案，其次考虑采用纵、横墙共同承重的结构布置方案，避免采用纵墙承重方案。

（2）房屋有下列情况之一时宜设置防震缝，缝两侧均应布设墙体，缝宽应根据烈度和房屋高度确定，可采用70～100mm：

① 房屋立面高度差在6m以上；

② 房屋有错层，且楼板高差大于层高的1/4；

③ 各部分结构刚度、质量截然不同。

（3）楼梯间不宜设置在房屋的尽端或转角处。楼梯间是人员的疏散通道，应把震害控制在轻度破坏以内。楼梯间不宜设在外墙转角处，或者房屋的尽端开间。当楼梯间必须设在这些位置时，需采取局部加强措施。

（4）不应在房屋转角处设置转角窗。

（5）横墙较少、跨度较大的房屋，宜采用现浇钢筋混凝土楼、屋盖。这样不仅可提高结构的整体性，还可提高屋楼盖结构的刚度，协调结构各部分在水平地震作用下的变形。并且，楼盖与抗侧力结构构件之间应有可靠的连接，这样才能保证能有一个由屋面至基础连续传递地震作用的直接途径。

以上参见《抗震规范》7.1.7条第1、3～6款

2. 房屋高宽比

房屋高宽比：房屋总高度与总宽度的最大比值。

《抗震规范》对多层砌体房屋不要求作整体弯曲的承载力验算。为了使多层砌体房屋有足够的稳定性和整体抗弯能力，房屋的高宽比应满足《抗震规范》表7.1.4的要求。

《抗震规范》表7.1.4　房屋最大高宽比

烈　度	6	7	8	9
最大高宽比	2.5	2.5	2.0	1.5

注：1. 单面走廊房屋的总宽度不包括走廊宽度。

2. 建筑平面接近正方形时，其高宽比宜适当减小。

以上参见《抗震规范》7.1.4条

3. 抗震横墙的间距

横向地震作用主要由横墙承受。

横墙间距较大时，楼盖水平刚度变小，不能将横向水平地震作用有效传递到横墙，致使纵墙发生较大出平面弯曲变形，造成纵墙倒塌。

房屋抗震横墙的间距，不应超过《抗震规范》表7.1.5的要求。

《抗震规范》表7.1.5　房屋抗震横墙最大间距（m）

房屋类型		烈　度			
		6	7	8	9
多层砌体房屋	现浇或装配整体式钢筋砼楼、屋盖	15	15	11	7
	装配式钢筋砼楼、屋盖	11	11	9	4
	木屋盖	9	9	4	—
底框-剪力墙	上部各层	同多层砌体房屋		—	
	底层或底部两层	18	15	11	—

注：1. 多层砌体房屋的顶层，除木屋盖外的最大横墙间距应允许适当放宽，但应采取相应加强措施；
　　2. 多孔砖抗震横墙厚度为190mm时，最大横墙间距应比表中数值减少3m。

以上参见《抗震规范》7.1.5条

4. 砌体墙段局部尺寸的限值

砌体墙段局部尺寸的限值应符合《抗震规范》表7.1.6的要求。

《抗震规范》表7.1.6　房屋的局部尺寸限值（m）

部　位	6度	7度	8度	9度
承重窗间墙最小宽度	1.0	1.0	1.2	1.5
承重外墙尽端至门窗洞边的最小距离	1.0	1.0	1.2	1.5
非承重外墙尽端至门窗洞边的最小距离	1.0	1.0	1.0	1.0
内墙阳角至门窗洞边的最小距离	1.0	1.0	1.5	2.0
无锚固女儿墙（非出入口）的最大高度	0.5	0.5	0.5	0.0

注：1. 局部尺寸不足时，应采取局部加强措施弥补，且最小宽度不宜小于1/4层高和表列数据的80%。
　　2. 出入口处的女儿墙应有锚固。

以上参见《抗震规范》7.1.6条

5. 纵横向砌体抗震墙的布置要求

布置要求如图9-18所示。

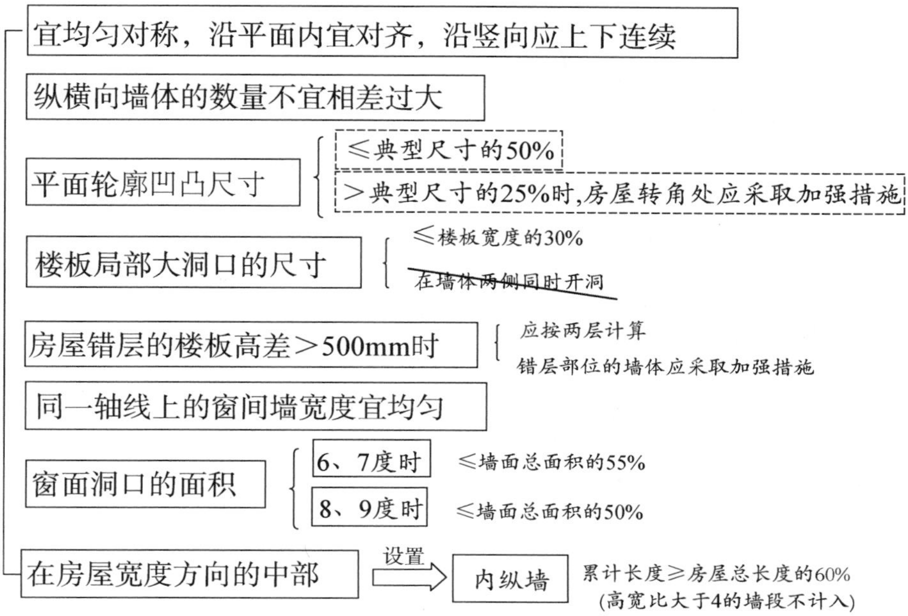

图 9-18　纵横向砌体抗震墙的布置要求

说　明

（1）宜均匀对称，沿平面内宜对齐，沿竖向应上下连续；且纵横向墙体的数量不宜相差过大；

（2）平面轮廓凹凸尺寸，不应超过典型尺寸的 50%；当超过典型尺寸的 25% 时，房屋转角处应采取加强措施；

（3）楼板局部大洞口的尺寸不宜超过楼板宽度的 30%，且不应在墙体两侧同时开洞；

（4）房屋错层的楼板高差超过 500mm 时，应按两层计算；错层部位的墙体应采取加强措施；

（5）同一轴线上的窗间墙宽度宜均匀；窗面洞口的面积，6、7 度时不宜大于墙面总面积的 55%，8、9 度时不宜大于 50%；

（6）在房屋宽度方向的中部应设置内纵墙，其累计长度不宜小于房屋总长度的 60%（高宽比大于 4 的墙段不计入）。

以上参见《抗震规范》7.1.7 条第 2 款

9.3   地震作用的确定

✦ 9.3.1   一般规定

结构抗震设计时，地震作用应按现行国家标准《抗震规范》的规定计算。

以上参见《规范》10.1.7条

对地震作用的考虑如图 9-19 所示。

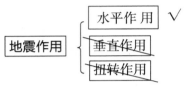

图 9-19   地震作用的考虑

说　明

如前所述，多层砌体结构所受地震作用主要包括：水平作用、垂直作用和扭转作用。但对多层砌体结构的抗震计算，一般只要求进行水平地震作用条件下的计算。

✦ 9.3.2   计算方法

地震作用的计算方法如图 9-20 所示。

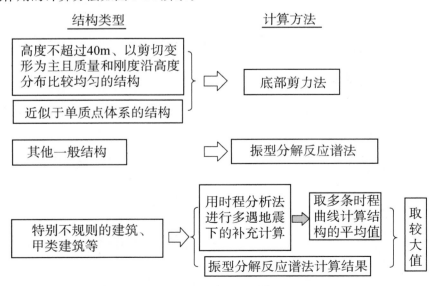

图 9-20   地震作用的计算方法

以上参见《抗震规范》5.1.2 条

✴ 9.3.3　底部剪力法

1. 各楼层的剪力计算

（1）各楼层的水平地震力计算

依据《抗震规范》5.2.1 条进行。

采用底部剪力法计算水平地震作用时，各楼层可仅取一个自由度，如《抗震规范》图 5.2.1 所示。

结构的水平地震作用标准值，按下式确定：

$$F_{Ek} = \alpha_1 G_{eq} \quad 《抗震规范》式(5.2.1\text{-}1)$$

质点 i 的水平地震作用力标准值为：

$$F_i = \frac{G_i H_i}{\sum\limits_{j=1}^{n} G_j H_j} F_{Ek}(1-\delta_n) \quad (i=1,2,\cdots,n)$$

《抗震规范》式(5.2.1-2)

建筑结构顶部附加水平地震作用标准值为：

$$\Delta F_n = \delta_n F_{Ek} \quad 《抗震规范》式(5.2.1\text{-}3)$$

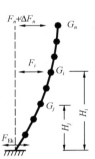

《抗震规范》图 5.2.1
结构水平地震作用
计算简图

式中　F_{Ek}——结构总水平地震作用标准值；

　　　α_1——相应于结构基本自振周期的水平地震影响系数值，应按《抗震规范》第 5.1.4 条、第 5.1.5 条确定。对多层砌体房屋、底部框架砌体房屋，宜取水平地震影响系数最大值，见《抗震规范》表 5.1.4-1；

　　　G_{eq}——结构等效总重力荷载，单质点应取总重力荷载代表值，多质点可取总重力荷载代表值的 85%；

　　　F_i——质点 i 的水平地震作用标准值；

　G_i，G_j——分别为集中于质点 i、j 的重力荷载代表值，取结构和构配件自重标准值和各可变荷载组合值之和，各可变荷载组合值系数见《抗震规范》表 5.1.3；

　H_i，H_j——分别为质点 i、j 的计算高度；

　　　δ_n——顶部附加地震作用系数，对砌体房屋可采用 0.0；

第 9 章　砌体结构房屋抗震设计　| 235

ΔF_n——顶部附加水平地震作用。

《抗震规范》表 5.1.4-1   水平地震影响系数最大值

地震影响	6度	7度	8度	9度
多遇地震	0.04	0.08（0.12）	0.16（0.24）	0.32
罕遇地震	0.28	0.50（0.72）	0.90（1.20）	1.40

注：括号中数值分别用于设计基本地震加速度为 $0.15g$ 和 $0.30g$ 的地区。

《抗震规范》表 5.1.3   组合值系数

可变荷载种类		组合值系数
雪荷载		0.5
屋面积灰荷载		0.5
屋面活荷载		不计入
按实际情况计算的楼面活荷载		1.0
按等效均布荷载计算的楼面活荷载	藏书库、档案库	0.8
	其他民用建筑	0.5
起重机悬吊物重力	硬钩吊车	0.3
	软钩吊车	不计入

注：硬钩吊车的吊重较大时，组合值系数应按实际情况采用。

注意

突出屋面的屋顶间、女儿墙、烟囱等的地震作用效应，宜乘以增大系数 3，此增大部分不应往下传递，但与该突出部分相连的构件应予计入。

以上参见《抗震规范》5.2.4 条

（2）各楼层的水平地震剪力计算

可得各楼层水平地震剪力标准值为：

$$V_{eki} = \sum_{j=i}^{n} F_i \quad (i = 1, 2, \cdots, n) \tag{9-1}$$

根据《抗震规范》5.2.5 条，V_{eki} 还应满足下式要求：

$$V_{eki} > \lambda \sum_{j=i}^{n} G_j \qquad \text{《抗震规范》式(5.2.5)}$$

式中 V_{eki}——第 i 层对应于水平地震作用标准值的楼层剪力；

λ——剪力系数，不应小于《抗震规范》表 5.2.5 规定的楼层最小地震剪力系数值，对竖向不规则结构的薄弱层，尚应乘以 1.15 的增大系数；

G_j——第 j 层的重力荷载代表值。

《抗震规范》表5.2.5 楼层最小地震剪力系数值

类别	6 度	7 度	8 度	9 度
扭转效应明显或基本周期小于3.5s的结构	0.008	0.016（0.024）	0.032（0.048）	0.064
基本周期大于5.0s的结构	0.006	0.012（0.018）	0.024（0.036）	0.048

注：1. 基本周期介于3.5s和5s之间的结构，按插入法确定。

2. 括号内数值分别用于设计基本地震加速度为0.15g和0.30g的地区。

2. 结构的楼层水平地震剪力分配

在多层砌体房屋中，屋盖和楼盖如同水平隔板一样，将作用在房屋上的水平地震剪力传给各抗侧力构件。因此，随着楼、屋盖水平刚度的不同和抗侧力构件刚度的不同，分配给各抗侧力构件的水平地震力也不同。

集中在各楼层墙体顶部的水平地震剪力应根据楼盖水平刚度的不同，分别按下列原则分配：

（1）刚性楼、屋盖（现浇和装配整体式钢筋混凝土楼、屋盖等）

其各抗侧力构件所承担的水平地震作用效应与其抗侧力刚度成正比，因此，宜按抗侧力构件等效刚度（即砌体墙段的层间等效侧向刚度）的比例分配。层间等效侧向刚度是衡量墙体刚柔的重要指标，可表示为：

$$R = 1/\Delta \tag{9-2}$$

式中　Δ——墙体在单位力作用下所产生的变形。

墙体的变形一般由三部分组成（弯曲变形、剪切变形和基础转动），可表示为：

$$\Delta = \frac{H^3}{3E_m I} + \frac{1.2H}{AG} + \Delta F \frac{2H}{L} \tag{9-3}$$

式中　第一项为弯曲变形，H 为墙高，I 为墙的惯性矩；第二项为剪切变形，1.2是考虑矩形截面剪应力分布的不均匀系数；第三项为基础转动引起的变形，由于它不引起墙体发生变形，而且评价起来很困难，所以设计一般不考虑它的影响。

因此，式（9-3）可转化为：

$$\Delta = \frac{H^3}{12E_m I} + \frac{1.2H}{GA} \tag{9-4}$$

式中　E_m，G——分别为砌体结构的弹性模量和剪切模量。

然后，考虑以下规定（如图9-21所示）来确定砌体墙段的层间等效侧向刚度。

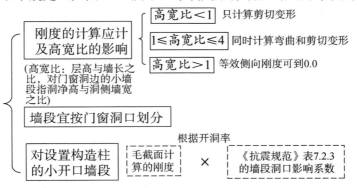

图9-21　砌体墙段的层间等效侧向刚度的确定方法

《抗震规范》表7.2.3　墙段洞口影响系数

开洞率	0.10	0.20	0.30
影响系数	0.98	0.94	0.88

注：1. 开洞率为洞口水平截面积与墙段水平毛截面积之比，相邻洞口之间净宽小于500mm的墙段视为洞口。

2. 洞口中线偏离墙段中线大于墙段长度的1/4时，表中影响系数值折减0.9；门洞的洞顶高度大于层高的80%时，表中数据不适用；窗洞高度大于50%层高时，按门洞对待。

以上参见《抗震规范》7.2.3条

（2）柔性楼、屋盖（木楼盖、木屋盖等）

可将楼、屋盖视为多跨简支梁，则各抗侧力构件所承担的水平地震将按该抗侧力构件两侧相邻的抗侧力构件之间一半面积上的重力荷载代表值 F_{im} 的比例分配，即

$$V_{im} = \frac{F_{im}}{\sum\limits_{m=1}^{k} F_{im}} V_{eki} \tag{9-5}$$

（3）半刚性楼、屋盖（采用普通预制板的装配式钢筋混凝土等楼、屋盖）

可采用上述两种分配结果的平均值，即

$$V_{im} = \frac{1}{2}\left[\frac{F_{im}}{\sum\limits_{m=1}^{k} F_{im}} + \frac{\Delta_{im}}{\sum\limits_{m=1}^{k} \Delta_{im}}\right] V_{eki} \tag{9-6}$$

以上参见《抗震规范》5.2.6条

注意

计入空间作用、楼盖变形、墙体弹塑性变形和扭转的影响时，可按《抗震规范》各有关规定对上述分配结果作适当调整。同一种建筑物中各层采用不同的楼盖时，应根据各层楼盖类型分别按上述三种方法分配楼层地震剪力。

✳ 9.3.4 配筋砌块砌体抗震墙结构房屋地震作用的确定

（1）抗震等级的确定：抗震等级应根据设防烈度和房屋高度按《规范》表 10.1.6 采用。

《规范》表 10.1.6 配筋砌块砌体抗震墙结构房屋的抗震等级

结构类型		设防烈度						
		6		7		8		9
配筋砌块砌体抗震墙	高度（m）	≤24	>24	≤24	>24	≤24	>24	≤24
	抗震墙	四	三	三	二	二	一	一
部分框支抗震墙	非底部加强部位抗震墙	四	三	三	二	二	一	一
	底部加强部位抗震墙	三	二	二	一	一	不应采用	
	框支框架	二	二	一	一			

注：1. 对于四级抗震等级，除本章有规定外，均按非抗震设计采用。

　　2. 接近或等于高度分界时，可结合房屋不规则程度及场地、地基条件确定抗震等级。

以上参见《规范》10.1.6 条

（2）一般抗震墙承受的第一振型底部地震倾覆力矩不应小于结构总倾覆力矩的 50%。

以上参见《规范》10.1.10 条第 4 款

（3）短肢墙的抗震等级应比《规范》表 10.1.6 的规定提高一级采用。已为一级时，配筋应按 9 度的要求提高。

以上参见《规范》10.1.10 条第 6 款

✳ 9.3.5 底部框架‑抗震墙砌体结构房屋地震作用的确定

1. 地震作用效应的调整

相关规定如图 9-22 所示。

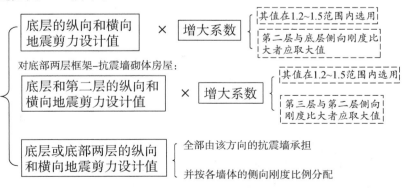

图 9-22 地震作用效应的调整规定

（1）底层的纵向和横向地震剪力设计值均应乘以增大系数：其值应允许在 $1.2\sim1.5$ 范围内选用，第二层与底层侧向刚度比大者应取大值。

（2）对底部两层框架-抗震墙砌体房屋，底层和第二层的纵向和横向地震剪力设计值均应乘以增大系数：其值应允许在 $1.2\sim1.5$ 范围内选用，第三层与第二层侧向刚度比大者应取大值。

（3）底层或底部两层的纵向和横向地震剪力设计值应全部由该方向的抗震墙承担，并按各墙体的侧向刚度比例分配。

以上参见《抗震规范》7.2.4条

2. 底部框架的地震作用效应

确定方法如图 9-23 所示。

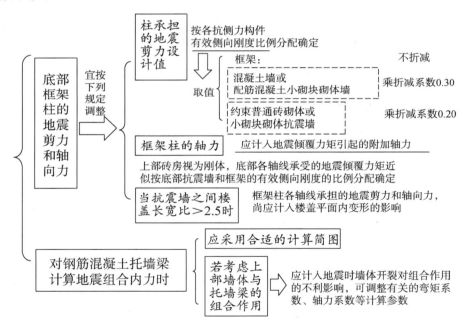

图 9-23　底部框架的地震作用效应确定方法

（1）底部框架柱的地震剪力和轴向力，宜按下列规定调整：

① 框架柱承担的地震剪力设计值，可按各抗侧力构件有效侧向刚度比例分配确定。有效侧向刚度的取值：框架不折减；混凝土墙或配筋混凝土小砌块砌体墙可乘

以折减系数 0.30；约束普通砖砌体或小砌块砌体抗震墙可乘以折减系数 0.20。

② 框架柱的轴力应计入地震倾覆力矩引起的附加轴力。上部砖房可视为刚体，底部各轴线承受的地震倾覆力矩，可近似按底部抗震墙和框架的有效侧向刚度的比例分配确定。

③ 当抗震墙之间楼盖长宽比大于 2.5 时，框架柱各轴线承担的地震剪力和轴向力，尚应计入楼盖平面内变形的影响。

（2）对钢筋混凝土托墙梁计算地震组合内力时，应采用合适的计算简图。

若考虑上部墙体与托墙梁的组合作用，应计入地震时墙体开裂对组合作用的不利影响，可调整有关的弯矩系数、轴力系数等计算参数。

以上参见《抗震规范》7.2.5 条

✳ 9.3.6 部分框支配筋砌块砌体抗震墙结构房屋地震作用的确定

（1）抗震等级应根据设防烈度和房屋高度也按《规范》表 10.1.6 采用。

（2）矩形平面的部分框支配筋砌块砌体抗震墙房屋结构的楼层侧向刚度比和底层框架部分承担的地震倾覆力矩，应符合《抗震规范》第 6.1.9 条的有关要求。

以上参见《规范》10.1.11 条

9.4 砌体结构房屋抗震验算的一般规定

✳ 9.4.1 截面抗震验算规定

（1）验算条件

砌体结构截面抗震验算的规定如图 9-24 所示。

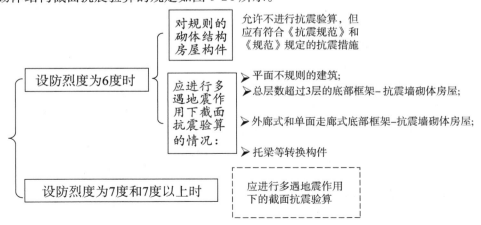

图 9-24 砌体结构截面抗震验算的规定

说　明

（1）抗震设防烈度为 6 度时，规则的砌体结构房屋构件，应允许不进行抗震验算，但应有符合《抗震规范》和《规范》规定的抗震措施。

（2）抗震设防烈度为 7 度和 7 度以上的建筑结构，应进行多遇地震作用下的截面抗震验算。6 度时，下列多层砌体结构房屋的构件，应进行多遇地震作用下的截面抗震验算：

① 平面不规则的建筑；

② 总层数超过 3 层的底部框架-抗震墙砌体房屋；

③ 外廊式和单面走廊式底部框架-抗震墙砌体房屋；

④ 托梁等转换构件。

以上参见《规范》10.1.7 条

（2）验算方法

截面抗震验算应采用下列设计表达式：

$$S \leqslant R/\gamma_{RE} \qquad \text{《抗震规范》式（5.4.2）}$$

式中　R——结构构件承载力设计值；

　　γ_{RE}——承载力抗震调整系数，取值见《规范》表 10.1.5；

　　S——结构构件内力组合的设计值，包括组合的弯矩、轴向力和剪力设计值等，按《抗震规范》式（5.4.1）计算：

$$S = \gamma_G S_{GE} + \gamma_{Eh} S_{Ehk} + \gamma_{Ev} S_{Evk} + \psi_w \gamma_w S_{wk} \qquad \text{《抗震规范》式（5.4.1）}$$

　　γ_G——重力荷载分项系数，一般情况应采用 1.2，当重力荷载效应对结构承载能力有利时，不应大于 1.0；

γ_{Eh}、γ_{Ev}——分别为水平、竖向地震作用分项系数，应按《抗震规范》表 5.4.1 采用；

　　γ_w——风荷载分项系数，应取 1.4；

　　S_{GE}——重力荷载代表值的效应，可按《抗震规范》第 5.1.3 条采用，但有吊车时，尚应包括悬吊物重力标准值的效应；

　　S_{Ehk}——水平地震作用标准值的效应，尚应乘以相应的增大系数或调整系数；

　　S_{Evk}——竖向地震作用标准值的效应，尚应乘以相应的增大系数或调整系数；

　　S_{wk}——风荷载标准值的效应；

　　ψ_w——风荷载组合值系数，一般结构取 0.0，风荷载起控制作用的建筑应取 0.2。

《规范》表 10.1.5　承载力抗震调整系数

结构构件类别	受力状态	γ_{RE}
两端均设有构造柱、芯柱的砌体抗震墙	受剪	0.9
组合砖墙	偏压、大偏拉和受剪	0.9
配筋砌块砌体抗震墙	偏压、大偏拉和受剪	0.85

结构构件类别	受力状态	γ_{RE}
自承重墙	受剪	1.0
其他砌体	受剪和受压	1.0

《抗震规范》表 5.4.1　地震作用分项系数

地震作用	γ_{Eh}	γ_{Ev}
仅计算水平地震作用	1.3	0.0
仅计算竖向地震作用	0.0	1.3
同时计算水平与竖向地震作用（水平地震为主）	1.3	0.5
同时计算水平与竖向地震作用（竖向地震为主）	0.5	1.3

以上参见《抗震规范》5.4.1条、5.4.2条和《规范》10.1.5条

✳ 9.4.2　各类砌体沿阶梯形截面破坏的抗震抗剪强度设计值

各类砌体沿阶梯形截面破坏的抗震抗剪强度设计值，应按《抗震规范》式（7.2.6）确定：

$$f_{vE} = \zeta_N f_v \qquad \text{《抗震规范》式（7.2.6）}$$

式中　f_{vE}——砌体沿阶梯形截面破坏的抗震抗剪强度设计值；

　　　　f_v——非抗震设计的砌体抗剪强度设计值；

　　　　ζ_N——砖砌体抗震抗剪强度的正应力影响系数，按《抗震规范》表7.2.6采用。

《抗震规范》表 7.2.6　砖砌体强度的正应力影响系数

砌体类别	σ_0/f_v							
	0.0	1.0	3.0	5.0	7.0	10.0	12.0	≥16.0
普通砖、多孔砖	0.8	0.99	1.25	1.47	1.65	1.90	2.05	—
小砌块	—	1.23	1.69	2.15	2.57	3.02	3.32	3.92

注：σ_0 为对应于重力荷载代表值的砌体截面平均压应力。

以上参见《抗震规范》7.2.6条

✳ 9.4.3　抗震变形验算

（1）对底部框架砌体房屋，宜进行罕遇地震作用下薄弱层的弹塑性变形验算：

① 变形的计算方法为静力弹塑性分析方法或弹塑性时程分析法等；

② 计算出的层间位移应符合《抗震规范》式（5.5.5）要求：

$$\Delta u_p \leqslant [\theta_p]h \qquad \text{《抗震规范》式（5.5.5）}$$

式中　$[\theta_p]$——弹塑性层间位移角限值，为 1/100。

　　　　h——薄弱层楼层高度。

以上参见《抗震规范》5.5.2条、5.5.3条、5.5.5条

（2）对配筋砌块砌体剪力墙结构，应进行多遇地震作用下的抗震变形验算，其楼层内最大的层间弹性位移角不宜超过 1/1000。

以上参见《规范》10.1.8 条

9.5 砖砌体房屋的抗震验算和构造措施

✷ 9.5.1 考虑水平地震作用的抗剪验算

（1）普通砖、多孔砖墙体的截面抗震承载力的一般验算公式：

$$V \leqslant f_{vE}A/\gamma_{RE} \qquad\qquad 《规范》式(10.2.2\text{-}1)$$

式中 V——考虑地震作用组合的墙体剪力设计值；

f_{vE}——砖砌体沿阶梯形截面破坏的抗震抗剪强度设计值；

A——墙体横截面面积；

γ_{RE}——承载力抗震调整系数，按《规范》表 10.1.5 采用。

（2）如果采用了水平配筋，墙体的截面抗震承载力按下式验算：

$$V \leqslant \frac{1}{\gamma_{RE}}(f_{vE}A + \zeta_s f_{yh} A_{sh}) \qquad\qquad 《规范》式(10.2.2\text{-}2)$$

式中 ζ_s——钢筋参与工作系数，按《规范》表 10.2.2 取值；

f_{yh}——墙体水平纵向钢筋的抗拉强度设计值；

A_{sh}——层间墙体竖向截面的总水平纵向钢筋面积，其配筋率不应小于 0.07％且不大于 0.17％。

《规范》表 10.2.2 钢筋参与工作系数（ζ_s）

砌体高厚比	0.4	0.6	0.8	1.0	1.2
ζ_s	0.10	0.12	0.14	0.15	0.12

（3）墙段中部基本均匀地设置构造柱，且构造柱的截面不小于 240mm×240mm（当墙厚 190mm 时，也可采用 240mm×190mm），构造柱间距不大于 4m 时，可计入墙段中部构造柱对墙体受剪承载力的提高作用，并按下式进行验算：

$$V \leqslant \frac{1}{\gamma_{RE}}\left[\eta_c f_{vE}(A - A_c) + \zeta_c f_t A_c + 0.08 f_{yc} A_{sc} + \zeta_s f_{yh} A_{sh}\right]$$

$$《规范》式(10.2.2\text{-}3)$$

式中 A_c——中部构造柱的横截面面积（对横墙和内纵墙，$A_c > 0.15A$ 时，取 $0.15A$；对外纵墙，$A_c > 0.25A$ 时，取 $0.25A$）；

f_t——中部构造柱的混凝土的轴心抗拉强度设计值；

A_{sc}——中部构造柱的纵向钢筋截面总面积，配筋率不应小于 0.6％，大于 1.4％时取 1.4％；

f_{yh}、f_{yc}——分别为墙体水平钢筋、构造柱纵向钢筋的抗拉强度设计值；

ζ_c——中部构造柱参与工作系数，居中设一根时取 0.5，多于一根时，取 0.4；

η_c——墙体约束修正系数，一般情况取 1.0，构造柱间距不大于 3.0m 时取 1.1；

A_{sh}——层间墙体竖向截面的总水平纵向钢筋面积，其配筋率不应小于0.07%，且不大于0.17%，水平纵向钢筋配筋率小于0.07%时取0。

以上参见《规范》10.2.2条

✸ 9.5.2 考虑竖向地震作用的抗压验算

砖砌体房屋考虑竖向地震作用的抗压验算方法如图9-25所示。

墙体类型	截面抗震受压承载力
无筋砖砌体墙：	$\dfrac{《规范》第5章计算的截面非抗震受压承载力}{承载力抗震调整系数}$
网状配筋砖墙、组合砖墙：	$\dfrac{《规范》第8章计算的截面非抗震受压承载力}{承载力抗震调整系数}$

图9-25 砖砌体房屋考虑竖向地震作用的抗压验算方法

说 明

对于无筋砖砌体墙，截面抗震受压承载力按《规范》第5章计算的截面非抗震受压承载力除以承载力抗震调整系数进行计算；

对于网状配筋砖墙、组合砖墙，截面抗震受压承载力按《规范》第8章计算的截面非抗震受压承载力除以承载力抗震调整系数进行计算。

以上参见《规范》10.2.3条

✸ 9.5.3 构造措施

1. 构造柱的设置

构造柱的设置应符合《抗震规范》的规定，还应符合的规定如图9-26所示。

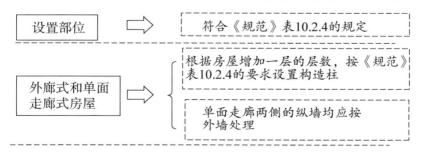

图9-26 构造柱的设置规定

横墙很少的房屋：

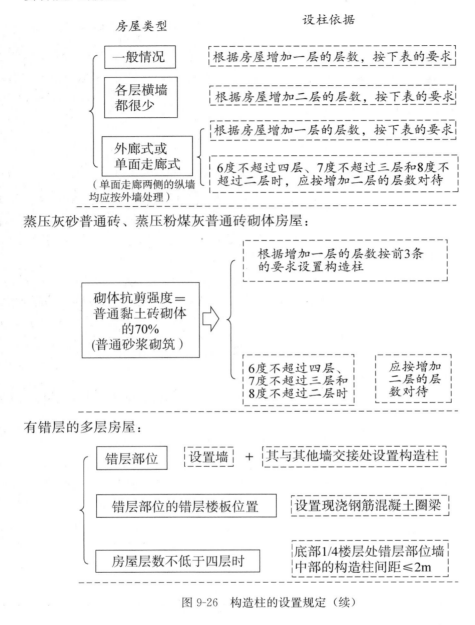

图 9-26　构造柱的设置规定（续）

说　明

(1) 设置部位符合《规范》表 10.2.4 的规定。

(2) 外廊式和单面走廊式的房屋，应根据房屋增加一层的层数，按《规范》表 10.2.4 的要求设置构造柱，且单面走廊两侧的纵墙均应按外墙处理。

(3) 横墙很少的房屋，应根据房屋增加一层的层数，按《规范》表 10.2.4 的要求设置构造柱。当横墙很少的房屋为外廊式或单面走廊式时，应根据房屋增加一层的层数，按《规范》表10.2.4的要求设置构造柱，且单面走廊两侧的纵墙均应按外墙处理；但6度不超过四层、7度不超过三层和8度不超过二层时，应按增加二层的层数对待。

（4）各层横墙很少的房屋，应按增加二层的层数设置构造柱。

（5）采用蒸压灰砂普通砖和蒸压粉煤灰普通砖的砌体房屋，当砌体的抗剪强度仅达到普通黏土砖砌体的70%时（普通砂浆砌筑），应根据增加一层的层数按上述（1）～（4）款的要求设置构造柱；但6度不超过四层、7度不超过三层和8度不超过二层时，应按增加二层的层数对待。

（6）有错层的多层房屋，在错层部位应设置墙，其与其他墙交接处应设置构造柱；在错层部位的错层楼板位置应设置现浇钢筋混凝土圈梁；当房屋层数不低于四层时，底部1/4楼层处错层部位墙中部的构造柱间距不宜大于2m。

《规范》表10.2.4　砖砌体房屋构造柱的设置要求

房屋层数				设置部位	
6度	7度	8度	9度		
≤五	≤四	≤三		楼、电梯间四角，楼梯斜梯段上下端对应的墙体处； 外墙四角和对应转角； 错层部位横墙与外纵墙交接处； 大房间内外墙交接处； 较大洞口两侧	隔12m或单元横墙与外纵墙交接处； 楼梯间对应的另一侧横墙与外纵墙交接处
六	五	四	二		隔开间横墙（轴线）与外墙交接处； 山墙与内纵墙交接处
七	六、七	五、六	三、四		内墙（轴线）与外墙交接处； 内墙的局部较小墙垛处； 内纵墙与横墙（轴线）交接处

注：1. 较大洞口，对内墙指不小于2.1m的洞口，对外墙在内外墙交接处已设置构造柱时允许适当放宽，但洞侧墙体应加强。

2. 当按《规范》10.2.4条第2～5款规定确定的层数超过了《规范》表10.2.4范围，构造柱设置要求不应低于表中相应烈度的最高要求且宜适当提高。

以上参见《规范》10.2.4条

2. 构造柱的构造规定

构造柱的构造规定如图9-27所示。

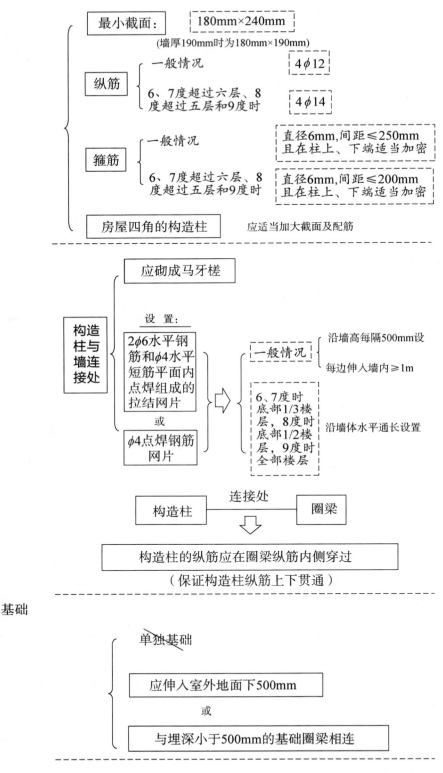

图 9-27　构造柱的构造规定

房屋高度和层数接近《规范》表10.1.2的限值时：

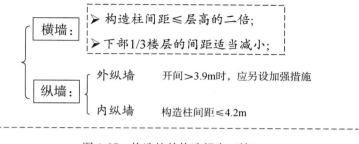

图 9-27　构造柱的构造规定（续）

说　明

（1）构造柱的最小截面可为 180mm×240mm（墙厚 190mm 时为 180mm× 190mm）；构造柱纵向钢筋宜采用 4ϕ12，箍筋直径可采用 6mm，间距不宜大于 250mm，且在柱上、下端适当加密；当 6、7 度超过六层、8 度超过五层和 9 度时，构造柱纵向钢筋宜采用 4ϕ14，箍筋间距不应大于 200mm；房屋四角的构造柱应适当加大截面及配筋。

（2）构造柱与墙连接处应砌成马牙槎，沿墙高每隔 500mm 设 2ϕ6 水平钢筋和 ϕ4 水平短筋平面内点焊组成的拉结网片或 ϕ4 点焊钢筋网片，每边伸入墙内不宜小于 1m。6、7 度时，底部 1/3 楼层，8 度时底部 1/2 楼层，9 度时全部楼层，上述拉结钢筋网片应沿墙体水平通长设置。

（3）构造柱与圈梁连接处，构造柱的纵筋应在圈梁纵筋内侧穿过，保证构造柱纵筋上下贯通。

（4）构造柱可不单独设置基础，但应伸入室外地面下 500mm，或与埋深小于 500mm 的基础圈梁相连。

（5）房屋高度和层数接近《规范》表10.1.2的限值时，纵、横墙内构造柱间距尚应符合下列规定：

① 横墙内的构造柱间距不宜大于层高的 2 倍；下部 1/3 楼层的构造柱间距适当减小；

② 当外纵墙开间大于 3.9m 时，应另设加强措施。内纵墙的构造柱间距不宜大于 4.2m。

以上参见《规范》10.2.5 条

3. 约束普通砖墙的构造要求

（1）约束普通砖墙对构造柱的要求如图 9-28 所示。

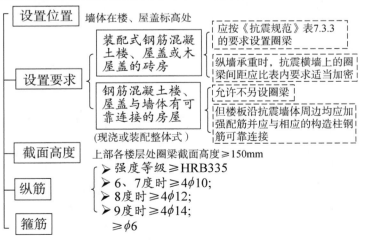

设置位置 —— 墙段两端、较大洞口两侧

墙肢两端及中部构造柱的间距≤层高或3.0m

最小截面尺寸 —— 240mm×240mm
（墙厚190mm时为240mm×190mm）

边柱和角柱的截面适当加大

纵筋和箍筋设置 —— 符合《规范》表10.2.6的规定

图 9-28　约束普通砖墙对构造柱的要求

说　明

（1）墙段两端设有符合《建筑抗震设计规范》GB 50011 要求的构造柱，且墙肢两端及中部构造柱的间距不大于层高或 3.0m，较大洞口两侧应设置构造柱。

（2）构造柱最小截面尺寸不宜小于 240mm×240mm（墙厚 190mm 时为 240mm×190mm），边柱和角柱的截面宜适当加大。

（3）构造柱的纵筋和箍筋设置宜符合《规范》表 10.2.6 的规定。

《规范》表 10.2.6　构造柱的纵筋和箍筋设置要求

位置	纵向钢筋				箍筋	
	最大配筋率 （%）	最小配筋率 （%）	最小直径 （mm）	加密区范围 （mm）	加密区间距 （mm）	最小直径 （mm）
角柱	1.8	0.8	14	全高	100	6
边柱			14	上端700		
中柱	1.4	0.6	12	下端500		

（2）约束普通砖墙对圈梁的设置要求如图 9-29 所示。

设置位置 —— 墙体在楼、屋盖标高处

设置要求

装配式钢筋混凝土楼、屋盖或木屋盖的砖房 —— 应按《抗震规范》表7.3.3的要求设置圈梁

纵墙承重时，抗震横墙上的圈梁间距应比表内要求适当加密

钢筋混凝土楼、屋盖与墙体有可靠连接的房屋（现浇或装配整体式） —— 允许不另设圈梁

但楼板沿抗震墙体周边均应加强配筋并应与相应的构造柱钢筋可靠连接

截面高度 —— 上部各楼层处圈梁截面高度≥150mm

纵筋
➤ 强度等级≥HRB335
➤ 6、7度时≥4φ10;
➤ 8度时≥4φ12;
➤ 9度时≥4φ14;

箍筋 —— ≥φ6

图 9-29　约束普通砖墙对圈梁的设置要求

《抗震规范》表 7.3.3 多层砖砌体房屋现浇钢筋混凝土圈梁设置要求

墙类	烈度		
	6、7	8	9
外墙和内纵墙	屋盖处及每层楼盖处	屋盖处及每层楼盖处	屋盖处及每层楼盖处
内横墙	同上； 屋盖处间距不应大于 4.5m； 楼盖处间距不应大于 7.2m； 构造柱对应部位	同上； 各层所有横墙，且间距不应大于 4.5m； 构造柱对应部位	同上； 各层所有横墙

说　明

墙体在楼、屋盖标高处均设置圈梁，设置要求：

（1）装配式钢筋混凝土楼、屋盖或木屋盖的砖房：应按《抗震规范》表 7.3.3 的要求设置圈梁，纵墙承重时，抗震横墙上的圈梁间距应比表内要求适当加密。

（2）现浇或装配整体式钢筋混凝土楼、屋盖与墙体有可靠连接的房屋，允许不另设圈梁，但楼板沿抗震墙体周边均应加强配筋并应与相应的构造柱钢筋可靠连接。

另外，上部各楼层处圈梁截面高度不宜小于 150mm；圈梁纵向钢筋应采用强度等级不低于 HRB335 的钢筋，6、7 度时不小于 $4\phi10$；8 度时不小于 $4\phi12$；9 度时不小于 $4\phi14$；箍筋不小于 $\phi6$。

圈梁的构造要求如图 9-30 所示。

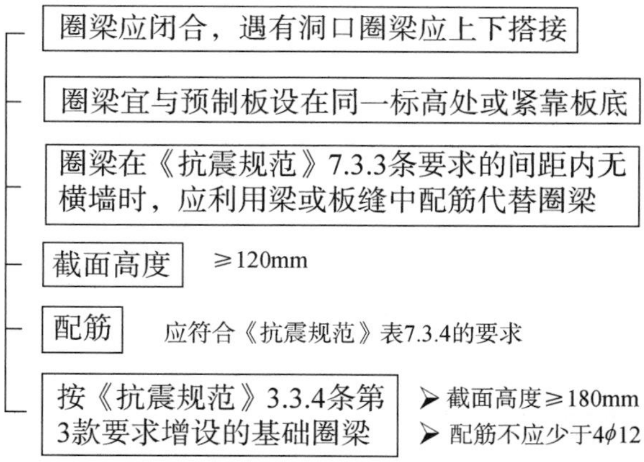

图 9-30　圈梁的具体构造要求

说　明

根据《抗震规范》7.3.4 条，圈梁的构造要求为：

（1）圈梁应闭合，遇有洞口圈梁应上下搭接；圈梁宜与预制板设在同一标高处或紧靠板底。

（2）圈梁在《抗震规范》7.3.3 条要求的间距内无横墙时，应利用梁或板缝中配筋代替圈梁。

（3）圈梁的截面高度不应小于 120mm，配筋应符合《抗震规范》表 7.3.4 的要求；按《抗震规范》3.3.4 条第 3 款要求增设的基础圈梁，截面高度不应小于 180mm，配筋不应少于 4φ12。

《抗震规范》表 7.3.4　多层砖砌体房屋圈梁配筋要求

配筋	烈度		
	6、7	8	9
最小纵筋	4φ10	4φ12	4φ14
箍筋最大间距 （mm）	250	200	150

以上参见《规范》10.2.6 条和《抗震规范》7.3.3 条

4. 房屋的楼、屋盖与承重墙构件的连接要求

房屋的楼、屋盖与承重墙构件的连接要求如图 9-31 所示。

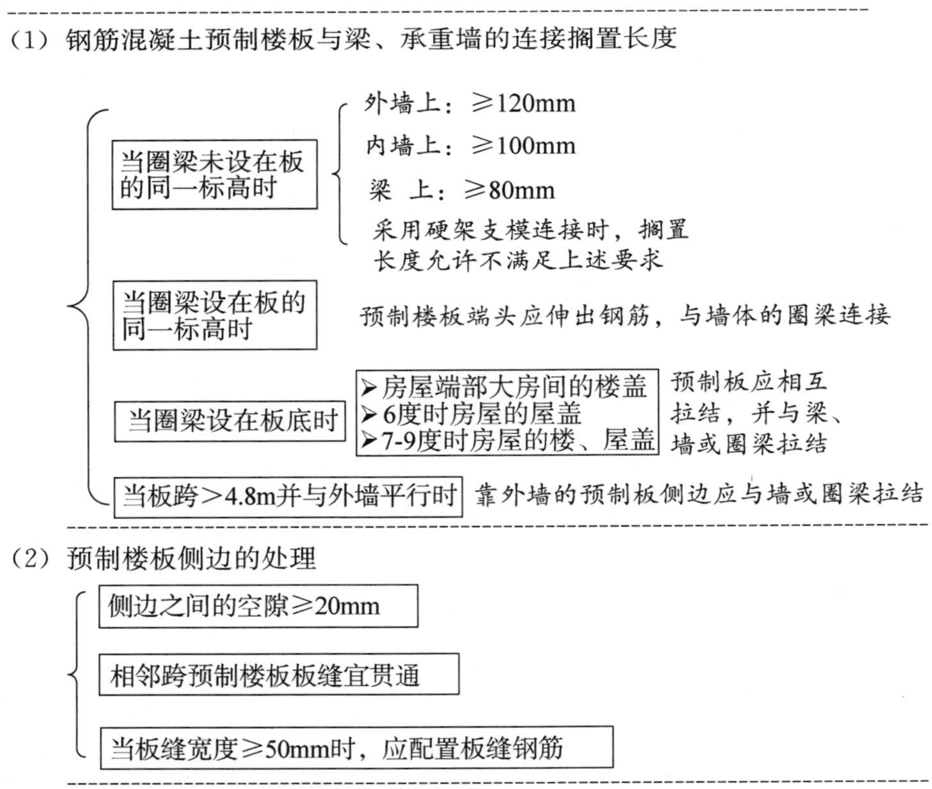

（1）钢筋混凝土预制楼板与梁、承重墙的连接搁置长度

当圈梁未设在板的同一标高时
- 外墙上：≥120mm
- 内墙上：≥100mm
- 梁　上：≥80mm
- 采用硬架支模连接时，搁置长度允许不满足上述要求

当圈梁设在板的同一标高时
- 预制楼板端头应伸出钢筋，与墙体的圈梁连接

当圈梁设在板底时
- ➤房屋端部大房间的楼盖
- ➤6度时房屋的屋盖
- ➤7-9度时房屋的楼、屋盖
- 预制板应相互拉结，并与梁、墙或圈梁拉结

当板跨＞4.8m并与外墙平行时　靠外墙的预制板侧边应与墙或圈梁拉结

（2）预制楼板侧边的处理
- 侧边之间的空隙≥20mm
- 相邻跨预制楼板板缝宜贯通
- 当板缝宽度≥50mm时，应配置板缝钢筋

图 9-31　房屋的楼、屋盖与承重墙构件的连接要求

（3）装配整体式钢筋混凝土楼、屋盖的要求

应在预制板叠合层上双向配置通长的水平钢筋

预制板应与后浇的叠合层有可靠的连接

现浇板和现浇叠合层应跨越承重内墙或梁，
伸入外墙内长度≥120mm和1/2墙厚

（4）钢筋混凝土楼、屋盖与墙体有可靠连接的房屋

不设圈梁

楼板沿抗震墙体周边均应加强配筋
并与相应的构造柱钢筋可靠连接

图 9-31　房屋的楼、屋盖与承重墙构件的连接要求（续）

说　明

（1）钢筋混凝土预制楼板在梁、承重墙上必须具有足够的搁置长度。当圈梁未设在板的同一标高时，板端的搁置长度，在外墙上不应小于 120mm，在内墙上不应小于 100mm，在梁上不宜小于 80mm，当采用硬架支模连接时，搁置长度允许不满足上述要求。

（2）当圈梁设置在板的同一标高时，钢筋混凝土预制楼板端头应伸出钢筋，与墙体的圈梁连接。当圈梁设在板底时，房屋端部大房间的楼盖，6 度时房屋的屋盖和 7～9 度时房屋的楼、屋盖，钢筋混凝土预制板应相互拉结，并与梁、墙或圈梁拉结。

（3）当板的跨度大于 4.8m 并与外墙平行时，靠外墙的预制板侧边应与墙或圈梁拉结。

（4）钢筋混凝土预制楼板侧边之间应留有不小于 20mm 的空隙，相邻跨预制楼板板缝宜贯通，当板缝宽度不小于 50mm 时应配置板缝钢筋。

（5）装配整体式钢筋混凝土楼、屋盖，应在预制板叠合层上双向配置通长的水平钢筋，预制板应与后浇的叠合层有可靠的连接。现浇板和现浇叠合层应跨越承重内墙或梁，伸入外墙内长度应不小于 120mm 和 1/2 墙厚。

（6）现浇或装配整体式钢筋混凝土楼、屋盖与墙体有可靠连接的房屋，应允许不另设圈梁，但楼板沿抗震墙体周边均应加强配筋并与相应的构造柱钢筋可靠连接。

以上参见《规范》10.2.7 条

5. 屋盖与墙、柱、圈梁的连接

屋盖与墙、柱、圈梁的连接要求如图 9-32 所示。

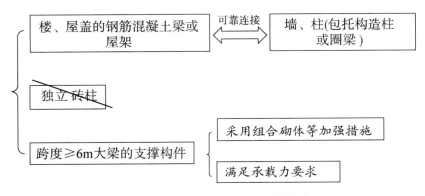

图 9-32　屋盖与墙、柱、圈梁的连接

说　明

　　楼、屋盖的钢筋混凝土梁或屋架应与墙、柱（包括构造柱）或圈梁可靠连接；不得采用独立砖柱。跨度不小于 6m 大梁的支撑构件应采用组合砌体等加强措施，并满足承载力要求。

以上参见《抗震规范》7.3.6 条

6. 网片的设置

网片的设置要求如图 9-33 所示。

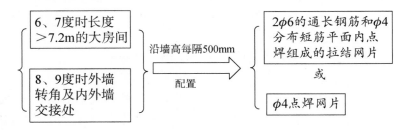

图 9-33　网片的设置要求

以上参见《抗震规范》7.3.7 条

7. 楼梯间的要求

楼梯间的要求如图 9-34 所示。

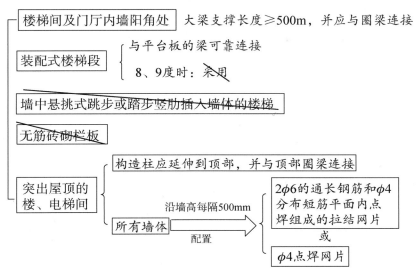

图 9-34　楼梯间的要求

说　明

（1）顶层的楼梯间墙体应沿墙高每隔 500mm 配置 $2\phi6$ 的通长钢筋和 $\phi4$ 分布短筋平面内点焊组成的拉结网片或 $\phi4$ 点焊网片；7～9 度时其他各层楼梯间墙体应在休息平台或楼层半高处设置 60mm 厚、纵向钢筋不应少于 $2\phi10$ 的钢筋混凝土带或配筋砖带，配筋砖带不少于 3 皮，每皮的配筋不少于 $2\phi6$，砂浆强度等级不应低于 M7.5 且不低于同层墙体的砂浆强度等级。

（2）楼梯间及门厅内墙阳角处的大梁支撑长度不应小于 500mm，并应与圈梁连接。

（3）装配式楼梯段应与平台板的梁可靠连接，8、9 度时不应采用装配式楼梯段；不应采用墙中悬挑式踏步或踏步竖肋插入墙体的楼梯，不应采用无筋砖砌栏板。

（4）突出屋顶的楼、电梯间，构造柱应延伸到顶部，并与顶部圈梁连接，所有墙体应沿墙高每隔 500mm 设 $2\phi6$ 通长钢筋和 $\phi4$ 分布短筋平面内点焊组成的拉结网片或 $\phi4$ 点焊网片。

以上参见《抗震规范》7.3.8 条

8. 坡屋顶房屋

对坡屋顶房屋的构造要求如图 9-35 所示。

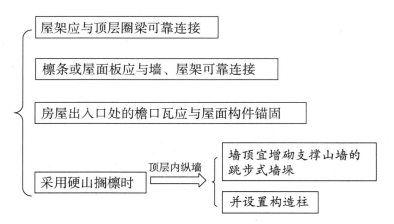

图 9-35　对坡屋顶房屋的要求

以上参见《抗震规范》7.3.9条

9. 过梁

对过梁的构造要求如图 9-36 所示。

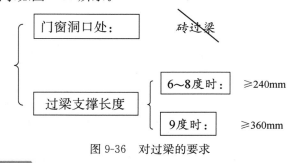

图 9-36　对过梁的要求

说　明

门窗洞口处不应采用砖过梁；过梁支撑长度，6～8 度时不应小于 240mm，9 度时不应小于 360mm。

以上参见《抗震规范》7.3.10条

10. 预制阳台

对预制阳台的构造要求如图 9-37 所示。

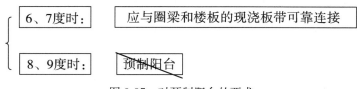

图 9-37　对预制阳台的要求

预制阳台：6、7 度时应与圈梁和楼板的现浇板带可靠连接，8、9 度时不应采用预制阳台。

以上参见《抗震规范》7.3.11 条

11. 后砌的非承重砌体隔墙、烟道、风道、垃圾道等

对后砌的非承重砌体隔墙、烟道、风道、垃圾道等的构造要求，应符合《抗震规范》13.3 节的有关规定。

以上参见《抗震规范》7.3.12 条

12. 基础

对基础的构造要求如图 9-38 所示。

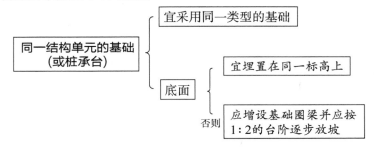

图 9-38　对基础的要求

以上参见《抗震规范》7.3.13 条

13. 丙类多层砖砌体房屋

对丙类多层砖砌体房屋的构造要求如图 9-39 所示。

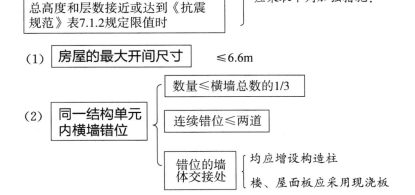

图 9-39　对丙类的多层砖砌体房屋的要求

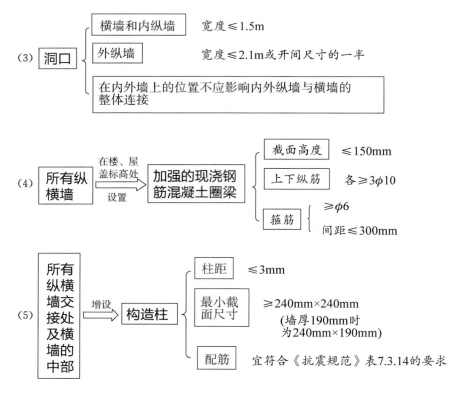

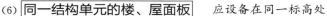

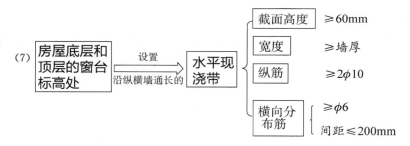

图 9-39　对丙类的多层砖砌体房屋的要求（续）

《抗震规范》表 7.3.14　增设构造柱的纵筋和箍筋设置要求

位置	纵向钢筋			箍筋		
	最大配筋率（%）	最小配筋率（%）	最小直径（mm）	加密区范围（mm）	加密区间距（mm）	最小直径（mm）
角柱	1.8	0.8	14	全高	100	6
边柱				上端700		
中柱	1.4	0.6	12	下端500		

当横墙较少且总高度和层数接近或达到《抗震规范》表 7.1.2 规定限值时，应采取下列加强措施：

（1）房屋的最大开间尺寸不宜大于 6.6m。

（2）同一结构单元内横墙错位数量不宜超过横墙总数的 1/3，且连续错位不宜多于两道；错位的墙体交接处均应增设构造柱，且楼、屋面板应采用现浇钢筋混凝土板。

（3）横墙和内纵墙上洞口的宽度不宜大于 1.5m；外纵墙上洞口的宽度不宜大于 2.1m 或开间尺寸的一半；且内外墙上洞口位置不应影响内外纵墙与横墙的整体连接。

（4）所有纵横墙均应在楼、屋盖标高处设置加强的现浇钢筋混凝土圈梁：圈梁的截面高度不宜大于 150mm，上下纵筋各不应少于 3ϕ10，箍筋不小于 ϕ6，间距不大于 300mm。

（5）所有纵横墙交接处及横墙的中部，均应增设满足下列要求的构造柱：在纵、横墙内的柱距不宜大于 3.0m，最小截面尺寸不宜小于 240mm×240mm（墙厚 190mm 时为 240mm×190mm），配筋宜符合《抗震规范》表 7.3.14 的要求。

（6）同一结构单元的楼、屋面板应设置在同一标高处。

（7）房屋底层和顶层的窗台标高处，宜设置沿纵横墙通长的水平现浇钢筋混凝土带；其截面高度不小于 60mm，宽度不小于墙厚，纵向钢筋不少于 2ϕ10，横向分布筋的直径不小于 ϕ6 且其间距不大于 200mm。

以上参见《抗震规范》7.3.14 条

9.6　混凝土砌块砌体结构房屋的抗震验算和构造措施

✳ 9.6.1　考虑水平地震作用的抗剪验算

混凝土砌块墙体一般都会设置构造柱和芯柱，截面抗震承载力应按下式验算：

$$V \leqslant \frac{1}{\gamma_{RE}}[f_{vE}A + (0.3f_{t1}A_{c1} + 0.3f_{t2}A_{c2} + 0.05f_{y1}A_{s1} + 0.05f_{y2}A_{s2})\zeta_c]$$

《规范》式(10.3.2)

式中　　f_{t1}——芯柱混凝土轴心抗拉强度设计值；

f_{t2}——构造柱混凝土轴心抗拉强度设计值；

A_{c1}——墙中部芯柱截面总面积；

A_{c2}——墙中部构造柱截面总面积，$A_{c2}=bh$；

A_{s1}——芯柱钢筋截面总面积；

A_{s2}——构造柱钢筋截面总面积；

f_{y1}——芯柱钢筋的抗拉强度设计值；

f_{y2}——构造柱钢筋的抗拉强度设计值；

ζ_c——芯柱和构造柱参与工作系数，按《规范》表 10.3.2 采用。

《规范》表 10.3.2　芯柱和构造柱参与工作系数

灌孔率 ρ	$\rho<0.15$	$0.15\leqslant\rho<0.25$	$0.25\leqslant\rho<0.5$	$\rho\geqslant0.5$
ζ_c	0	1.0	1.10	1.15

注：灌孔率指芯柱根数（含构造柱和填实孔洞数量）与孔洞总数之比。

以上参见《规范》10.3.2 条

✳ 9.6.2　考虑竖向地震作用的抗压验算

对无筋的混凝土砌块砌体抗震墙，截面抗震受压承载力应按《规范》第 5 章计算的截面非抗震受压承载力除以承载力抗震调整系数进行计算。

以上参见《规范》10.3.3 条

✳ 9.6.3　构造措施

1. 芯柱的设置

芯柱的设置要求如图 9-40～图 9-42 所示。

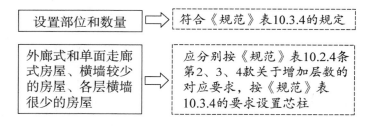

图 9-40　芯柱设置要求（一）

说　明

根据《规范》10.3.4 条：

混凝土砌块房屋应按《规范》表 10.3.4 的要求设置钢筋混凝土芯柱。

对外廊式和单面走廊式的房屋、横墙较少的房屋、各层横墙很少的房屋，尚应分别按《规范》第 10.2.4 条第 2、3、4 款关于增加层数的对应要求，按《规范》表 10.3.4 的要求设置芯柱。

《规范》表 10.3.4　混凝土砌块房屋芯柱的设置要求

房屋层数				设置部位	设置数量
6度	7度	8度	9度		
≤五	≤四	≤三		外墙四角和对应转角； 楼、电梯间四角；楼梯斜梯段上下端对应的墙体处； 大房间内外墙交接处； 错层部位横墙和外纵墙交接处； 隔12m或单元横墙与外纵墙交接处	外墙转角，灌实3个孔； 内外墙交接处，灌实4个孔； 楼梯斜段上下端对应的墙体处，灌实2个孔
六	五	四	一	同上； 隔开间横墙（轴线）与外纵墙交接处	
七	六	五	二	同上； 各内墙（轴线）与外纵墙交接处； 内纵墙与横墙（轴线）交接处和洞口两侧	外墙转角，灌实5个孔； 内外墙交接处，灌实4个孔； 内墙交接处，灌实4～5个孔； 洞口两侧各灌实1个孔
	七	六	三	同上； 横墙内芯柱间距不宜大于2m	外墙转角，灌实7个孔； 内外墙交接处，灌实5个孔； 内墙交接处，灌实4～5个孔； 洞口两侧各灌实1个孔

注：1. 外墙转角、内外墙交接处、楼电梯间四角等部位，应允许采用钢筋混凝土构造柱代替部分芯柱。

2. 当按《规范》10.2.4条2～4款规定确定的层数超出《规范》表10.3.4范围，芯柱设置要求不应低于表中相应烈度的最高要求且宜适当提高。

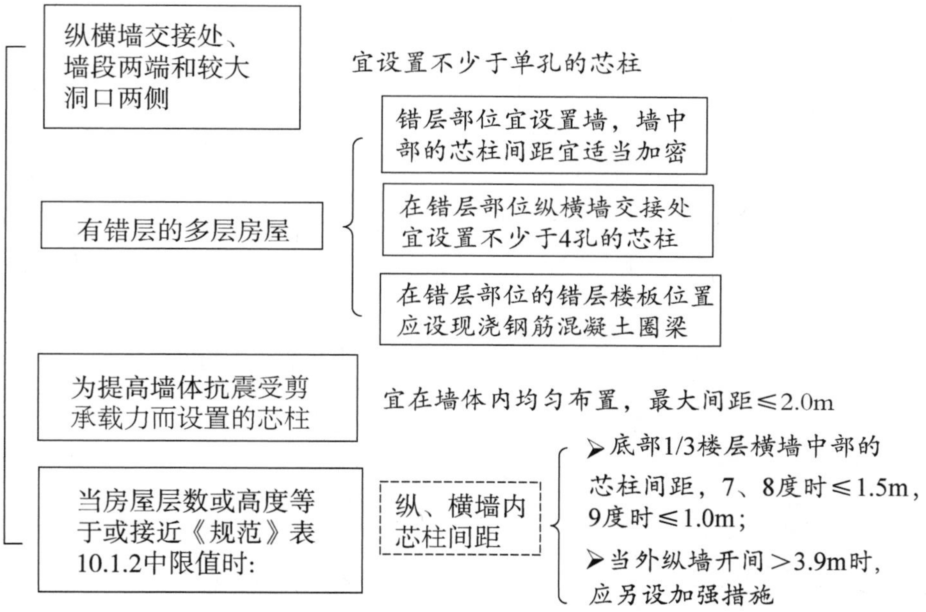

图 9-41　芯柱设置要求（二）

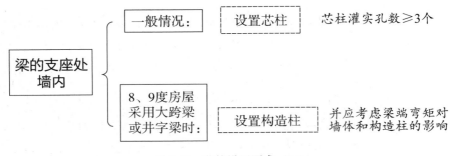

图 9-42 芯柱设置要求（三）

说　明

根据《规范》10.3.6 条：

在梁的支座处墙内宜设置芯柱，芯柱灌实孔数不少于 3 个。当 8、9 度房屋采用大跨梁或井字梁时，宜在梁支座处墙内设置构造柱，并应考虑梁端弯矩对墙体和构造柱的影响。

以上参见《规范》10.3.4～10.3.6 条

2. 芯柱的构造规定

芯柱的构造规定如图 9-43 所示。

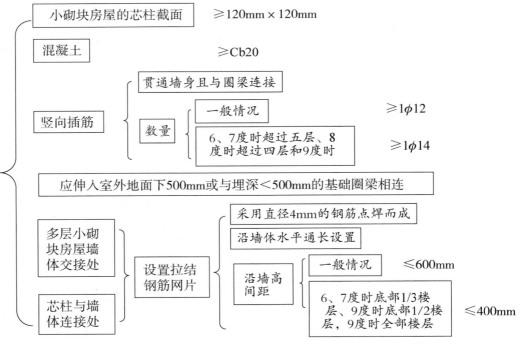

图 9-43 芯柱的构造规定

（1）小砌块房屋的芯柱截面不宜小于 120mm×120mm。

（2）芯柱混凝土强度等级，不应低于 Cb20。

（3）芯柱的竖向插筋应贯通墙身且与圈梁连接；插筋不应小于 1φ12，6、7 度时超过五层、8 度时超过四层和 9 度时，插筋不应小于 1φ14。

（4）芯柱应伸入室外地面下 500mm 或与埋深小于 500mm 的基础圈梁相连。

（5）多层小砌块房屋墙体交接处或芯柱与墙体连接处应设置拉结钢筋网片，网片可采用直径 4mm 的钢筋点焊而成，沿墙高间距不大于 600mm，并应沿墙体水平通长设置。6、7 度时底部 1/3 楼层、8 度时底部 1/2 楼层，9 度时全部楼层，上述拉结钢筋网片沿墙高间距不大于 400mm。

以上参见《抗震规范》7.4.2 条

3. 圈梁的构造规定

混凝土砌块砌体房屋圈梁的构造要求如图 9-44 所示。

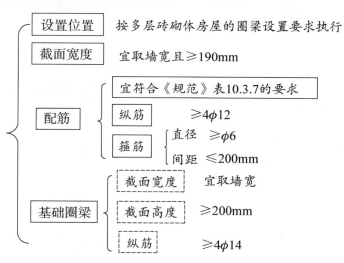

图 9-44　混凝土砌块砌体房屋圈梁的构造要求

《规范》表 10.3.7　混凝土砌块砌体房屋圈梁配筋要求

配　筋	烈　度		
	6、7	8	9
最小纵筋	4φ10	4φ12	4φ14
箍筋最大间距（mm）	250	200	150

以上参见《规范》10.3.7 条

4. 构造柱（小砌块房屋中替代芯柱）的构造规定

构造柱（小砌块房屋中替代芯柱）的构造规定如图 9-45 所示。

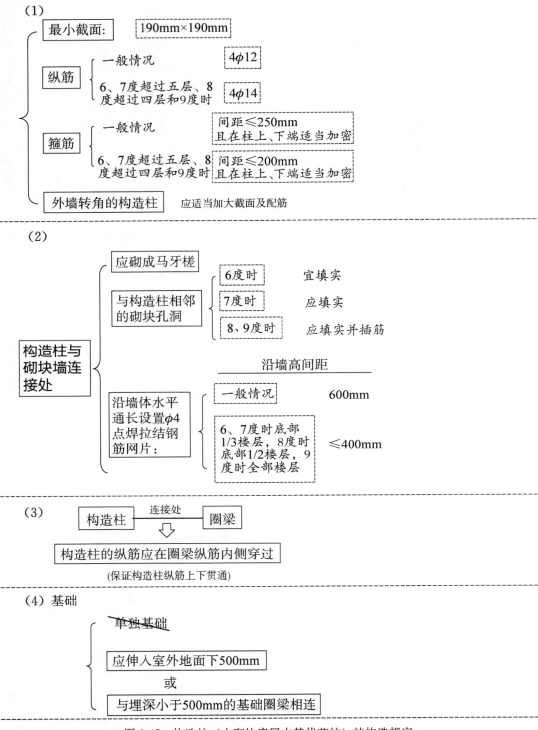

图 9-45 构造柱（小砌块房屋中替代芯柱）的构造规定

小砌块房屋中替代芯柱的钢筋混凝土构造柱，应符合下列构造要求：

（1）构造柱的截面不宜小于 190mm×190mm；纵向钢筋宜采用 4φ12，箍筋间距不宜大于 250mm，且在柱上、下端适当加密；当 6、7 度超过五层、8 度超过四层和 9 度时，构造柱纵向钢筋宜采用 4φ14，箍筋间距不应大于 200mm；外墙转角的构造柱可适当加大截面及配筋。

（2）构造柱与砌块墙连接处应砌成马牙槎，与构造柱相邻的砌块孔洞，6 度时宜填实，7 度时应填实，8、9 度时应填实并插筋。构造柱与砌块墙之间沿墙高每隔 600mm 设 φ4 点焊拉结钢筋网片，并应沿墙体水平通长设置。6、7 度时底部 1/3 楼层，8 度时底部 1/2 楼层，9 度时全部楼层，上述拉结钢筋网片沿墙高间距不大于 400mm。

（3）构造柱与圈梁连接处，构造柱的纵筋应在圈梁纵筋内侧穿过，保证构造柱纵筋上下贯通。

（4）构造柱可不单独设置基础，但应伸入室外地面下 500mm，或与埋深小于 500mm 的基础圈梁相连。

以上参见《抗震规范》7.4.3 条

5. 楼梯间墙体的构造规定

楼梯间墙体的构造规定如图 9-46 所示。

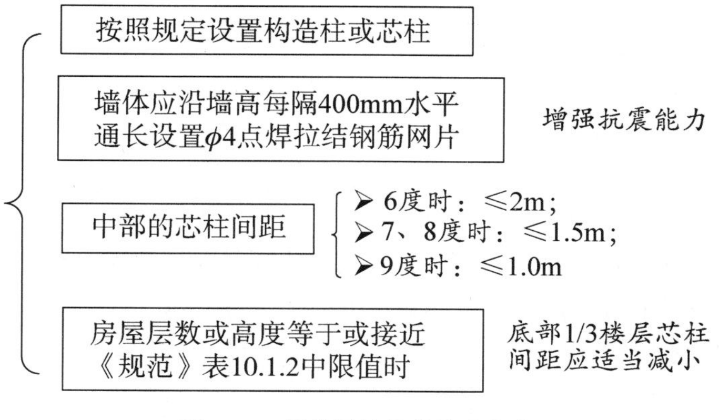

图 9-46　楼梯间墙体的构造规定

（1）楼梯间墙体构件除按照规定设置构造柱或芯柱外，还应通过墙体配筋增强其抗震能力，墙体应沿墙高每隔 400mm 水平通长设置 φ4 点焊拉结钢筋网片。

（2）楼梯间墙体中部的芯柱间距，6 度时不宜大于 2m；7、8 度时不宜大于 1.5m；9 度时不宜大于 1.0m。

（3）房屋层数或高度等于或接近《规范》表 10.1.2 中限值时，底部 1/3 楼层芯柱间距应适当减小。

以上参见《规范》10.3.8 条

6. 水平现浇带的设置

水平现浇带的设置要求如图 9-47 所示。

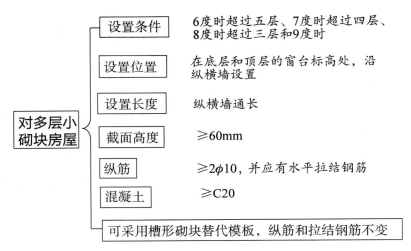

图 9-47　水平现浇带的设置要求

对于多层小砌块房屋，当 6 度时超过五层、7 度时超过四层、8 度时超过三层和 9 度时，在底层和顶层的窗台标高处，沿纵横墙应设置通长的水平现浇钢筋混凝土带。其截面高度不小于 60mm，纵筋不少于 2ϕ10，并应有水平拉结钢筋；其混凝土强度等级不应低于 C20。

水平现浇混凝土带亦可采用槽形砌块替代模板，其纵筋和拉结钢筋不变。

以上参见《抗震规范》7.4.5 条

7. 丙类多层小砌块房屋

对丙类多层小砌块房屋的构造要求如图 9-48 所示。

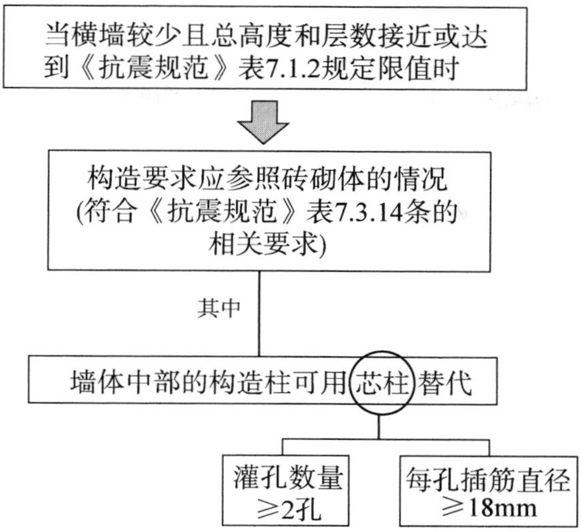

图 9-48 对丙类的多层小砌块房屋的构造要求

说　明

当横墙较少且总高度和层数接近或达到《抗震规范》表 7.1.2 规定限值时,应符合《抗震规范》第 7.3.14 条的相关要求;其中,墙体中部的构造柱可用芯柱替代,芯柱的灌孔数量不应少于 2 孔,每孔插筋的直径不应小于 18mm。

以上参见《抗震规范》7.4.6 条

8. 小砌块房屋的其他抗震构造措施

其他抗震构造措施应符合《抗震规范》第 7.3.5～7.3.13 条的相关要求。

其中,墙体的拉结钢筋网片间距应符合《抗震规范》7.4.3 条的规定,分别取 600mm 和 400mm。

以上参见《抗震规范》7.4.7 条

9.7　配筋砌块砌体抗震墙结构房屋的抗震验算和构造措施

✳ 9.7.1　抗震验算

1. 配筋砌块砌体抗震墙的截面规定

(1) 当剪跨比大于 2 时:

$$V_{\mathrm{w}} \leqslant \frac{1}{\gamma_{\mathrm{RE}}} 0.2 f_{\mathrm{g}} b h_0 \qquad\qquad 《规范》式（10.5.3-1）$$

（2）当剪跨比小于或等于 2 时：

$$V_{\mathrm{w}} \leqslant \frac{1}{\gamma_{\mathrm{RE}}} 0.15 f_{\mathrm{g}} b h_0 \qquad\qquad 《规范》式（10.5.3-2）$$

以上参见《规范》10.5.3 条

2. 截面组合剪力设计值 V_{w} 的调整

配筋砌块砌体抗震墙承载力计算时，底部加强部位的截面组合剪力设计值 V_{w}，应按下列规定调整：

（1）当抗震等级为一级时：$V_{\mathrm{w}} = 1.6V$ 　　　　　　　《规范》式（10.5.2-1）

（2）当抗震等级为二级时：$V_{\mathrm{w}} = 1.4V$ 　　　　　　　《规范》式（10.5.2-2）

（3）当抗震等级为三级时：$V_{\mathrm{w}} = 1.2V$ 　　　　　　　《规范》式（10.5.2-3）

（4）当抗震等级为四级时：$V_{\mathrm{w}} = 1.0V$ 　　　　　　　《规范》式（10.5.2-4）

式中　V——考虑地震作用组合的抗震墙计算截面的剪力设计值。

以上参见《规范》10.5.2 条

3. 正截面承载力计算

配筋砌块砌体抗震墙的正截面承载力，应按《规范》第 9 章的规定计算，但其抗力应除以承载力抗震调整系数。

以上参见《规范》10.5.1 条

4. 配筋砌块砌体抗震墙在重力荷载代表值作用下的轴压比

轴压比限值如图 9-49 所示。

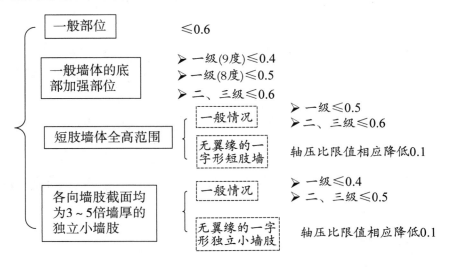

图 9-49　配筋砌块砌体抗震墙在重力荷载代表值作用下的轴压比限值

（1）一般墙体的底部加强部位，一级（9度）不宜大于0.4；一级（8度）不宜大于0.5；二、三级不宜大于0.6；一般部位，均不宜大于0.6。

（2）短肢墙体全高范围，一级不宜大于0.50，二、三级不宜大于0.60；对于无翼缘的一字形短肢墙，其轴压比限值应相应降低0.1。

（3）各向墙肢截面均为3~5倍墙厚的独立小墙肢，一级不宜大于0.4，二、三级不宜大于0.5；对于无翼缘的一字形独立小墙肢，其轴压比限值应相应降低0.1。

以上参见《规范》10.5.12条

5. 配筋砌块砌体抗震墙的斜截面承载力

（1）偏心受压时，应按下列公式计算：

$$V_w \leqslant \frac{1}{\gamma_{RE}} \Big[\frac{1}{\lambda - 0.5} \Big(0.48 f_{vg} b h_0 + 0.10 N \frac{A_w}{A} + 0.72 f_{yh} \frac{A_{sh}}{s} h_0 \Big) \Big]$$

《规范》式(10.5.4-1)

$$\lambda = \frac{M}{V h_0}$$

《规范》式(10.5.4-2)

式中　f_{vg}——灌孔砌块砌体的抗剪强度设计值，按《规范》第3.2.2条的规定采用；

M——考虑地震作用组合的抗震墙计算截面的弯矩设计值；

N——考虑地震作用组合的抗震墙计算截面的轴向力设计值，当 $N > 0.2 f_g b h$ 时，取 $N = 0.2 f_g b h$；

A——抗震墙的截面面积，其中翼缘的有效面积，可按《规范》第9.2.5条的规定计算；

A_w——T形或I字形截面抗震墙腹板的截面面积，对于矩形截面取 $A_w = A$；

λ——计算截面的剪跨比，当 $\lambda \leqslant 1.5$ 时，取 $\lambda = 1.5$；当 $\lambda \geqslant 2.2$ 时，取 $\lambda = 2.2$；

A_{sh}——配置在同一截面内的水平分布钢筋的全部截面面积；

f_{yh}——水平钢筋的抗拉强度设计值；

f_g——灌孔砌体的抗压强度设计值；

s——水平分布钢筋的竖向间距；

γ_{RE}——承载力抗震调整系数。

以上参见《规范》10.5.4条

（2）偏心受拉时，应按下列公式计算：

$$V_w \leqslant \frac{1}{\gamma_{RE}} \Big[\frac{1}{\lambda - 0.5} \Big(0.48 f_{vg} b h_0 - 0.17 N \frac{A_w}{A} + 0.72 f_{yh} \frac{A_{sh}}{s} h_0 \Big) \Big]$$

《规范》式(10.5.5)

注：当 $0.48 f_{vg} b h_0 - 0.17 N \frac{A_w}{A} < 0$ 时，取 $0.48 f_{vg} b h_0 - 0.17 N \frac{A_w}{A} = 0$。

以上参见《规范》10.5.5条

6. 有关连梁

（1）连梁的类型选择如图 9-50 所示。

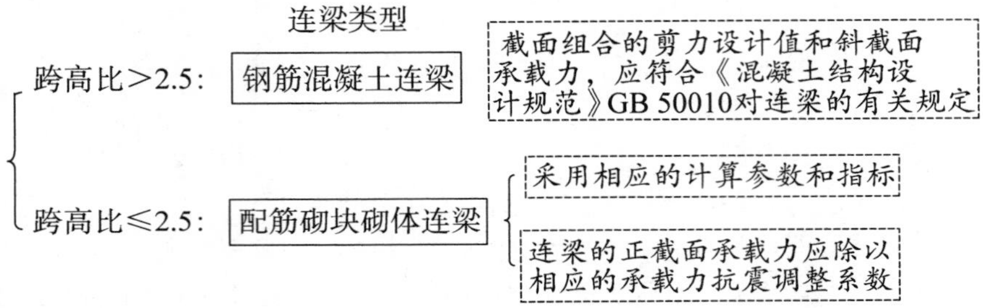

连梁类型

跨高比＞2.5： 钢筋混凝土连梁 —— 截面组合的剪力设计值和斜截面承载力，应符合《混凝土结构设计规范》GB 50010对连梁的有关规定

跨高比≤2.5： 配筋砌块砌体连梁 —— 采用相应的计算参数和指标

连梁的正截面承载力应除以相应的承载力抗震调整系数

图 9-50　连梁的类型选择

以上参见《规范》10.5.6 条

（2）配筋砌块砌体抗震墙连梁的剪力设计值，抗震等级一、二、三级时应按下式调整，四级时可不调整；

$$V_b = \eta_v \frac{M_b^l + M_b^r}{l_n} + V_{Gb}$$ 《规范》式(10.5.7)

式中　V_b——连梁的剪力设计值；

η_v——剪力增大系数，一级时取 1.3，二级时取 1.2，三级时取 1.1；

M_b^l、M_b^r——分别为梁左、右端考虑地震作用组合的弯矩设计值；

V_{Gb}——在重力荷载代表值作用下，按简支梁计算的截面剪力设计值；

l_n——连梁净跨。

以上参见《规范》10.5.7 条

（3）抗震墙采用配筋混凝土砌块砌体连梁时，应符合下列规定：

① 连梁的截面应满足下式的要求：

$$V_w = \frac{1}{\gamma_{RE}}(0.15f_g bh_0)$$ 《规范》式(10.5.8-1)

② 连梁的斜截面受剪承载力应按下式计算：

$$V_w = \frac{1}{\gamma_{RE}}\left(0.56f_{vg}bh_0 + 0.7f_{yv}\frac{A_{sv}}{s}h_0\right)$$ 《规范》式(10.5.8-2)

式中　A_{sv}——配置在同一截面内的箍筋各肢的全部截面面积；

f_{yv}——箍筋的抗拉强度设计值。

以上参见《规范》10.5.8 条

✳ 9.7.2　构造措施

1. 水平和竖向分布钢筋

（1）抗震墙水平分布钢筋，其配筋构造应符合《规范》表 10.5.9-1 的规定。

《规范》表 10.5.9-1　抗震墙水平分布钢筋的配筋构造

抗震等级	最小配筋率（%）		最大间距 （mm）	最小直径 （mm）
	一般部位	加强部位		
一级	0.13	0.15	400	φ8
二级	0.13	0.13	600	φ8
三级	0.11	0.13	600	φ8
四级	0.10	0.10	600	φ8

注：1. 水平分布钢筋宜双排布置，在顶层和底部加强部位，最大间距不应大于400mm。

2. 双排水平分布钢筋应设不小于φ6拉结筋，水平间距不应大于400mm。

（2）抗震墙竖向分布钢筋，其配筋构造应符合《规范》表10.5.9-2的规定。

《规范》表 10.5.9-2　抗震墙竖向分布钢筋的配筋构造

抗震等级	最小配筋率（%）		最大间距 （mm）	最小直径 （mm）
	一般部位	加强部位		
一级	0.15	0.15	400	φ12
二级	0.13	0.13	600	φ12
三级	0.11	0.13	600	φ12
四级	0.10	0.10	600	φ12

注：竖向分布钢筋宜采用单排布置，直径不应大于25mm，9度时配筋率不应小于0.2%。在顶层和底部加强部位，最大间距应适当减小。

（3）抗震墙底部加强区的高度不小于房屋高度的1/6，且不小于房屋底部两层的高度。

以上参见《规范》10.5.9条

2. 边缘构件

配筋砌块砌体抗震墙边缘构件的构造措施如图9-51所示。

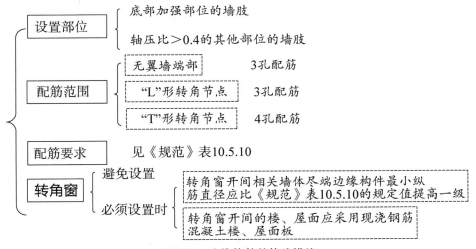

图9-51　边缘构件的构造措施

根据《规范》10.5.11条，宜避免设置转角窗，否则，转角窗开间相关墙体尽端边缘构件最小纵筋直径应比《规范》表10.5.10的规定值提高一级，且转角窗开间的楼、屋面应采用现浇钢筋混凝土楼、屋面板。

《规范》表 10.5.10　配筋砌块砌体抗震墙边缘构件的配筋要求

抗震等级	每孔竖向钢筋最小用量		水平箍筋最小直径（mm）	水平箍筋最大间距（mm）
	底部加强部位	一般部位		
一级	1φ20（4φ16）	1φ18（4φ16）	φ8	200
二级	1φ18（4φ16）	1φ16（4φ14）	φ6	200
三级	1φ16（4φ12）	1φ14（4φ12）	φ6	200
四级	1φ14（4φ12）	1φ12（4φ12）	φ6	200

注：1. 边缘构件水平箍筋宜采用横筋为双筋的搭接点焊网片形式。

　　2. 当抗震等级为二、三级时，边缘构件箍筋应采用 HRB400 级或 RRB400 级钢筋。

　　3. 表中括号内数字为边缘构件采用混凝土边框柱时的配筋。

以上参见《规范》10.5.10条

3. 圈梁构造

圈梁的构造措施如图 9-52 所示。

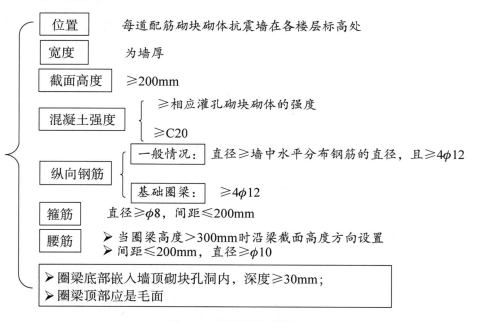

图 9-52　圈梁的构造措施

配筋砌块砌体圈梁构造，应符合下列规定：

（1）各楼层标高处，每道配筋砌块砌体抗震墙均应设置现浇钢筋混凝土圈梁，圈梁的宽度应为墙厚，其截面高度不宜小于200mm。

（2）圈梁混凝土抗压强度不应小于相应灌孔砌块砌体的强度，且不应小于C20。

（3）圈梁纵向钢筋直径不应小于墙中水平分布钢筋的直径，且不应小于4φ12；基础圈梁纵筋不应小于4φ12；圈梁及基础圈梁箍筋直径不应小于φ8，间距不应大于200mm；当圈梁高度大于300mm时，应沿梁截面高度方向设置腰筋，其间距不应大于200mm，直径不应小于φ10。

（4）圈梁底部嵌入墙顶砌块孔洞内，深度不宜小于30mm；圈梁顶部应是毛面。

以上参见《规范》10.5.13条

4. 连梁构造

连梁的构造措施如图9-53所示。

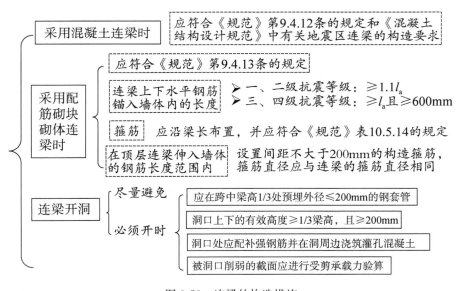

图9-53　连梁的构造措施

配筋砌块砌体抗震墙连梁的构造，当采用混凝土连梁时，应符合《规范》第9.4.12条的规定和现行国家标准《混凝土结构设计规范》GB 50010中有关地震区连梁的构造要求；当采用配筋砌块砌体连梁时，除应符合《规范》第9.4.13条的规定以外，尚应符合下列规定：

（1）连梁上下水平钢筋锚入墙体内的长度，一、二级抗震等级不应小于 $1.1l_a$，三、四级抗震等级不应小于 l_a 且不应小于 600mm。

（2）连梁的箍筋应沿梁长布置，并应符合《规范》表 10.5.14 的规定。

（3）在顶层连梁伸入墙体的钢筋长度范围内，应设置间距不大于 200mm 的构造箍筋，箍筋直径应与连梁的箍筋直径相同。

（4）连梁不宜开洞。当需要开洞时，应在跨中梁高 1/3 处预埋外径不大于 200mm 的钢套管，洞口上下的有效高度不应小于 1/3 梁高，且不应小于 200mm，洞口处应配补强钢筋并在洞周边浇筑灌孔混凝土，被洞口削弱的截面应进行受剪承载力验算。

《规范》表 10.5.14 连梁箍筋的构造要求

抗震等级	箍筋加密区			箍筋非加密区	
	长度	箍筋最大间距	直径	间距（mm）	直径
一级	$2h$	100mm，$6d$，$1/4h$ 中的小值	$\phi 10$	200	$\phi 10$
二级	$1.5h$	100mm，$8d$，$1/4h$ 中的小值	$\phi 8$	200	$\phi 8$
三级	$1.5h$	150mm，$8d$，$1/4h$ 中的小值	$\phi 8$	200	$\phi 8$
四级	$1.5h$	150mm，$8d$，$1/4h$ 中的小值	$\phi 8$	200	$\phi 8$

注：h 为连梁截面高度；加密区长度不小于 600mm。

以上参见《规范》10.5.14 条

5. 基础与抗震墙结合处的受力钢筋连接方式

基础与抗震墙结合处的受力钢筋连接方式如图 9-54 所示。

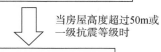

基础与抗震墙结合处的受力钢筋

当房屋高度超过50m或一级抗震等级时

宜采用机械连接或焊接

图 9-54 基础与抗震墙结合处的受力钢筋连接方式

说 明

配筋砌块砌体抗震墙房屋的基础与抗震墙结合处的受力钢筋，当房屋高度超过 50m 或一级抗震等级时，宜采用机械连接或焊接。

以上参见《规范》10.5.15 条

✳ 9.7.3 算例

【例题 9-1】 某混凝土小型砌块配筋砌体高层房屋，建筑总高度为 30m。现考虑其中的一段底层墙肢（截面尺寸为 190mm×3600mm）：采用 MU20 砖、M15 混合砂浆砌筑，孔洞率为 40%，灌孔率为 100%。灌孔混凝土采用 C30，水平配筋两排Φ 10@200。该工程的抗震设防烈度为 7 度，该墙肢位于底部加强区，考虑地震作用组合后算得的截面内力为 $V=780\mathrm{kN}$，$N=3500\mathrm{kN}$，$M=1920\mathrm{kN \cdot m}$。

试验算该墙肢的抗震承载力。

解：根据《抗震规范》表 8.3.3-1，该结构的抗震等级为二级。

根据《规范》式（10.5.2-2）：剪力设计值 $V_{\mathrm{w}}=1.4V=1.4\times780=1092\mathrm{kN}$

$$\alpha = \delta\rho = 0.4\times1.0 = 0.4$$

$$f_{\mathrm{g}} = f + 0.6\alpha f_{\mathrm{c}} = 5.68 + 0.6\times0.4\times14.3 = 9.112\mathrm{MPa}$$

$$f_{\mathrm{vg}} = 0.2f_{\mathrm{g}}^{0.55} = 0.2\times9.112^{0.55} = 0.674\mathrm{MPa}$$

$$\lambda = \frac{M}{Vh_0} = \frac{1920}{815.36\times3.5} = 0.67 < 1.5,\text{取}\lambda = 1.5$$

根据《规范》式（10.5.3-2）：

$$\frac{1}{\lambda_{\mathrm{RE}}}0.15f_{\mathrm{g}}bh = \frac{1}{0.85}0.15\times9.112\times190\times3600 = 1099.87\mathrm{kN} > V_{\mathrm{w}} = 1092\mathrm{kN}$$

截面尺寸满足要求。

$$0.2f_{\mathrm{g}}bh = 0.2\times9.112\times190\times3600 = 1246.5\mathrm{kN} < N = 3500\mathrm{kN}$$

取 $N=1246.5\mathrm{kN}$

根据《规范》式（10.5.4-1）：

$$\frac{1}{\gamma_{\mathrm{RE}}}\left[\frac{1}{\lambda-0.5}\left(0.48f_{\mathrm{vg}}bh_0 + 0.1N\frac{A_{\mathrm{w}}}{A}\right) + 0.72f_{\mathrm{yh}}\frac{A_{\mathrm{sh}}}{s}h_0\right]$$

$$= \frac{1}{0.85}\left[\frac{1}{1.5-0.5}(0.48\times0.674\times190\times3500 + 0.1\times1246.5)\right.$$

$$\left. + 0.72\times310\times\frac{2\times78.5}{200}\times3500\right]$$

$$= 974.7\mathrm{kN} < V_{\mathrm{w}} = 1092\mathrm{kN}$$

不满足要求。

9.8　底部框架-抗震墙结构房屋的抗震验算和构造措施

✳ 9.8.1　抗震验算

1. 有关内力确定

内力的确定要点如图 9-55 所示。

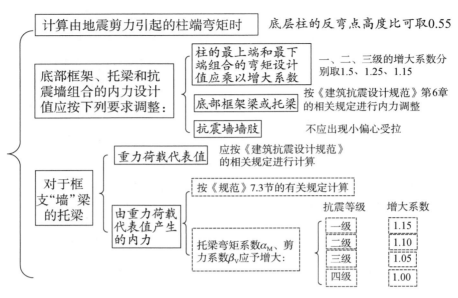

图 9-55　底部框架-抗震墙结构房屋的内力确定

说　明

　　(1) 根据《规范》10.4.2 条，对于底部框架-抗震墙结构房屋，计算由地震剪力引起的柱端弯矩时，底层柱的反弯点高度比可取 0.55。

　　(2) 根据《规范》10.4.3 条，对于底部框架-抗震墙结构房屋，底部框架、托梁和抗震墙组合的内力设计值尚应按下列要求进行调整：

　　① 柱的最上端和最下端组合的弯矩设计值应乘以增大系数，一、二、三级的增大系数分别取 1.5、1.25、1.15；

　　② 底部框架梁或托梁尚应按《抗震规范》第 6 章的相关规定进行内力调整；

　　③ 抗震墙墙肢不应出现小偏心受拉。

　　(3) 根据《规范》10.4.5 条，对于框支"墙"梁的托梁：

　　① 重力荷载代表值应按《抗震规范》的相关规定进行计算；

　　② 由重力荷载代表值产生的内力应按《规范》7.3 节的有关规定计算，但托梁弯矩系数 α_M、剪力系数 β_V 应予增大：当抗震等级为一级时，增大系数为 1.15；当为二级时，取为 1.10；当为三级时，取为 1.05；当为四级时，取为 1.0。

以上参见《规范》10.4.2 条、10.4.3 条、10.4.5 条

2. 抗震承载力确定

抗震承载力的确定如图 9-56 所示。

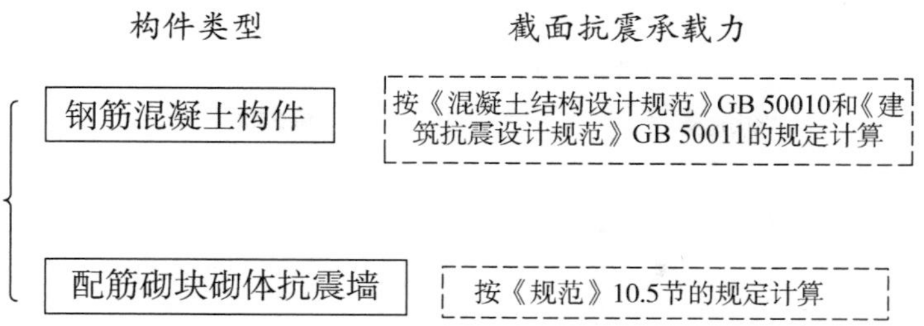

构件类型	截面抗震承载力
钢筋混凝土构件	按《混凝土结构设计规范》GB 50010和《建筑抗震设计规范》GB 50011的规定计算
配筋砌块砌体抗震墙	按《规范》10.5节的规定计算

图 9-56　抗震承载力的确定

以上参见《规范》10.4.1 条

3. 嵌砌于框架之间的砌体抗震墙的抗震验算

(1) 底部框架柱的轴向力和剪力，应计算砌体墙引起的附加轴向力和附加剪力，其值可按下式确定：

$$N_f = V_w H_f / l \qquad 《规范》式(10.4.4-1)$$

$$V_f = V_w \qquad 《规范》式(10.4.4-2)$$

式中　N_f——框架柱的附加轴压力设计值；

　　　V_w——墙体承担的剪力设计值，柱两端有墙时可取二者的较大值；

　　H_f、l——分别为框架的层高和跨度；

　　　V_f——框架柱的附加剪力设计值。

(2) 嵌砌于框架之间的砌体抗震墙及两端框架柱，抗震受剪承载力应按下式验算：

$$V \leqslant \frac{1}{\gamma_{REc}} \Sigma (M_{yc}^u + M_{yc}^l)/H_0 + \frac{1}{\gamma_{REw}} \Sigma f_{vE} A_{w0} \quad 《规范》式(10.4.4-3)$$

式中　　　V——嵌砌砌体墙及两端框架柱的设计值；

　　　γ_{REc}——底层框架柱承载力抗震调整系数，可取 0.8；

M_{yc}^u、M_{yc}^l——分别为底层框架柱上下端的正截面受弯承载力设计值，可按《混凝土结构设计规范》非抗震设计的有关公式取等号计算；

　　　H_0——底层框架柱的计算高度，两侧均有砌体墙时取柱净高的 2/3，其余情况可取柱净高；

　　　γ_{REw}——嵌砌砌体抗震墙承载力抗震调整系数，可取 0.9；

　　　A_{w0}——砌体墙水平截面的计算面积，无洞口时取实际截面的 1.25 倍，有洞口时取截面净面积，但不计入宽度小于洞口高度 1/4 的墙肢截面面积。

以上参见《规范》10.4.4 条

✳ 9.8.2　构造措施

1. 底部框架柱的构造要求

底部框架柱的构造要求如图 9-57 所示。

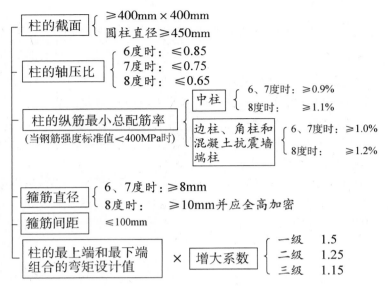

图 9-57　底部框架柱的构造要求

以上参见《抗震规范》7.5.6条

2. 底部抗震墙的构造要求

所需的厚度和数量由房屋的竖向刚度分配来决定。

以上参见《规范》10.4.6条

(1) 采用约束砖砌体墙时，底部抗震墙的构造要求如图 9-58 所示。

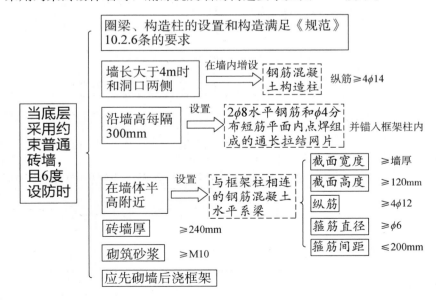

图 9-58　采用约束砖砌体墙时底部抗震墙的构造要求

根据《规范》10.4.8条：

（1）圈梁、构造柱的设置和构造满足《规范》10.2.6条的要求；

（2）墙长大于4m时和洞口两侧，应在墙内增设钢筋混凝土构造柱，构造柱的纵向钢筋不宜少于4φ14。

（3）沿墙高每隔300mm设置2φ8水平钢筋和φ4分布短筋平面内点焊组成的通长拉结网片，并锚入框架柱内。

（4）在墙体半高附近尚应设置与框架柱相连的钢筋混凝土水平系梁，系梁截面宽度不应小于墙厚，截面高度不应小于120mm，纵筋不应小于4φ12，箍筋直径不应小于φ6，箍筋间距不应大于200mm。

（5）根据《抗震规范》7.5.4条，砖墙厚不应小于240mm，砌筑砂浆强度等级不应低于M10，应先砌墙后浇框架。

以上参见《规范》10.4.8条、《抗震规范》7.5.4条

（2）采用钢筋混凝土墙时，底部抗震墙的构造要求如图9-59所示。

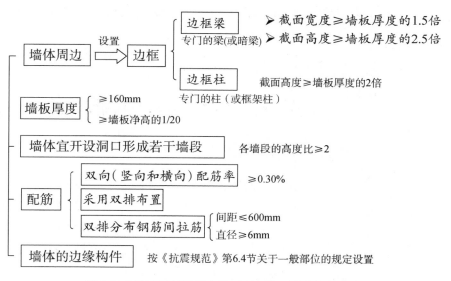

图9-59　采用钢筋混凝土墙时底部抗震墙的构造要求

以上参见《抗震规范》7.5.3条

（3）当6度设防的房屋采用约束小砌块砌体墙时，构造要求如图9-60所示。

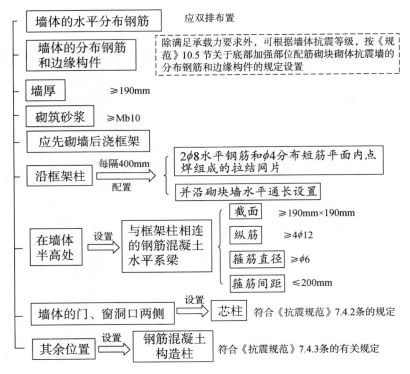

图 9-60　采用约束小砌块砌体墙时底部抗震墙的构造要求

以上参见《规范》10.4.7条和《抗震规范》7.5.5条

3. 钢筋混凝土托梁的构造要求

钢筋混凝土托梁的构造要求如图9-61所示。

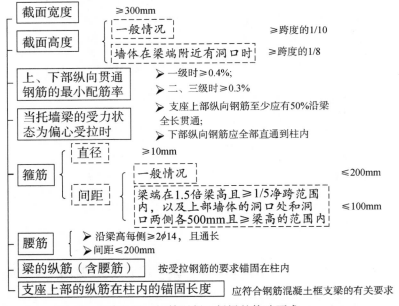

图 9-61　钢筋混凝土托梁的构造要求

（1）托梁的截面宽度不应小于 300mm，截面高度不应小于跨度的 1/10，当墙体在梁端附近有洞口时，梁截面高度不宜小于跨度的 1/8。

（2）托梁上、下部纵向贯通钢筋的最小配筋率：一级时不应小于 0.4%；二、三级时不应小于 0.3%。当托墙梁的受力状态为偏心受拉时，支座上部纵向钢筋至少应有 50% 沿梁全长贯通，下部纵向钢筋应全部直通到柱内。

（3）托梁箍筋的直径不应小于 10mm，间距不应大于 200mm；梁端在 1.5 倍梁高且不小于 1/5 净跨范围内，以及上部墙体的洞口处和洞口两侧各 500mm 且不小于梁高的范围内，箍筋间距不应大于 100mm。

（4）托梁沿梁高每侧应设置不小于 2φ14 的通长腰筋，间距不应大于 200mm。

（5）梁的纵向受力钢筋和腰筋应按受拉钢筋的要求锚固在柱内，且支座上部的纵筋在柱内的锚固长度应符合钢筋混凝土框支梁的有关要求。

以上参见《规范》10.4.9 条和《抗震规范》7.5.8 条

4. 对上部墙体的构造柱或芯柱的要求

对上部墙体的构造柱或芯柱的要求如图 9-62 所示。

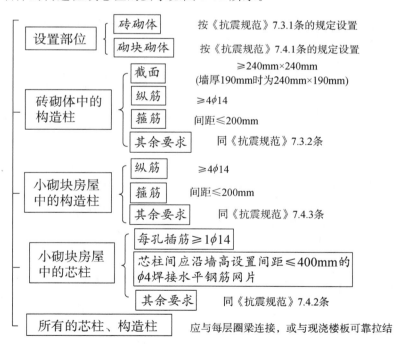

图 9-62　上部墙体的构造柱或芯柱的要求

以上参见《规范》10.4.10 条和《抗震规范》7.5.1 条

5. 过渡层墙体的材料强度等级和构造要求

过渡层墙体的材料强度等级和构造要求如图 9-63 所示。

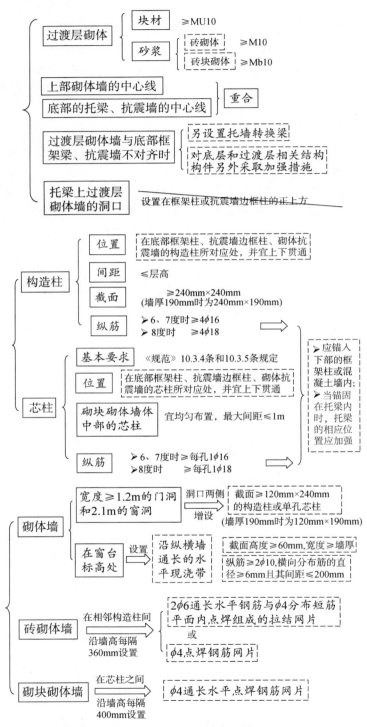

图 9-63　过渡层墙体的材料强度等级和构造要求

说　明

（1）过渡层砌体块材的强度等级不应低于 MU10，砖砌体砌筑砂浆的强度等级不应低于 M10，砌块砌体砌筑砂浆的强度等级不应低于 Mb10。

（2）上部砌体墙的中心线宜同底部的托梁、抗震墙的中心线相重合。当过渡层砌体墙与底部框架梁、抗震墙不对齐时，应另设置托墙转换梁，并且应对底层和过渡层相关结构构件另外采取加强措施。

（3）托梁上过渡层砌体墙的洞口不宜设置在框架柱或抗震墙边框柱的正上方。

（4）过渡层应在底部框架柱、抗震墙边框柱、砌体抗震墙的构造柱或芯柱所对应处设置构造柱或芯柱，并宜上下贯通。过渡层墙体内的构造柱间距不宜大于层高；芯柱除按《规范》10.3.4 条和 10.3.5 条规定外，砌块砌体墙体中部的芯柱宜均匀布置，最大间距不宜大于 1m。

① 构造柱截面不宜小于 240mm×240mm（墙厚 190mm 时为 240mm×190mm），其纵向钢筋，6、7 度时不宜少于 $4\phi16$，8 度时不宜少于 $4\phi18$。

② 芯柱的纵向钢筋，6、7 度时不宜少于每孔 $1\phi16$，8 度时不宜少于每孔 $1\phi18$。

③ 一般情况下，纵向钢筋应锚入下部的框架柱或混凝土墙内；当纵向钢筋锚固在托梁内时，托梁的相应位置应加强。

（5）过渡层的砌体墙，凡宽度不小于 1.2m 的门洞和 2.1m 的窗洞，洞口两侧宜增设截面不小于 120mm×240mm（墙厚 190mm 时为 120mm×190mm）的构造柱或单孔芯柱。

（6）对于过渡层砖砌体墙，在相邻构造柱间应沿墙高每隔 360mm 设置 $2\phi6$ 通长水平钢筋与 $\phi4$ 分布短筋平面内点焊组成的拉结网片或 $\phi4$ 点焊钢筋网片。

对于过渡层砌块砌体墙，在芯柱之间沿墙高应每隔 400mm 设置 $\phi4$ 通长水平点焊钢筋网片。

（7）过渡层的砌体墙在窗台标高处，应设置沿纵横墙通长的水平现浇钢筋混凝土带：其截面高度不小于 60mm，宽度不小于墙厚，纵筋不少于 $2\phi10$，横向分布筋的直径不小于 6mm 且其间距不大于 200mm。

以上参见《规范》10.4.11 条和《抗震规范》7.5.2 条

6. 楼盖的构造要求

楼盖的构造要求如图 9-64 所示。

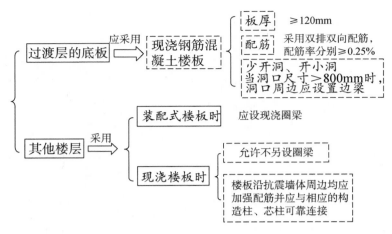

图 9-64　楼盖的构造要求

以上参见《规范》10.4.12条

7. 对材料强度等级的要求

对材料强度等级的要求如图 9-65 所示。

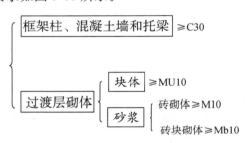

图 9-65　材料强度等级的要求

说　明

（1）框架柱、混凝土墙和托梁的混凝土强度等级，不应低于 C30。

（2）过渡层砌体块材的强度等级不应低于 MU10，砖砌体砌筑砂浆的强度等级不应低于 M10，砌块砌体砌筑砂浆的强度等级不应低于 Mb10。

以上参见《抗震规范》7.5.9条

8. 其他构造规定

其他抗震构造措施，尚应符合《规范》和《抗震规范》第 7.3 节、7.4 节和第 6 章的有关规定。

以上参见《规范》10.4.13条和《抗震规范》7.5.10条

第 10 章　砌体结构的施工要点

10.1　砌筑的基本规定

（1）对砌筑材料的要求如图 10-1 所示。

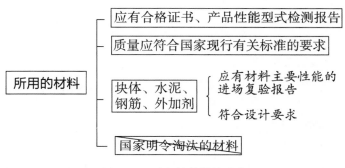

图 10-1　对砌筑材料的要求

以上参见《验收规范》3.0.1 条

（2）砌体结构工程施工前，应编制砌体结构工程施工方案。砌体结构的标高、轴线，应引自基准控制点。

以上参见《验收规范》3.0.1 条、3.0.2 条

（3）砌筑基础前，应校核放线尺寸，允许偏差应符合《验收规范》表 3.0.4 的规定。

《验收规范》表 3.0.4　放线尺寸的允许偏差

长度 L、宽度 B（m）	允许偏差（mm）
L（或 B）≤30	±5
30<L（或 B）≤60	±10
60<L（或 B）≤90	±15
L（或 B）>90	±20

以上参见《验收规范》3.0.4 条

（4）伸缩缝、沉降缝、防震缝中的模板：应拆除干净，不得夹有砂浆、块体及碎渣等杂物。

（5）砌筑顺序应符合图 10-2 所示的规定。

以上参见《验收规范》3.0.5 条

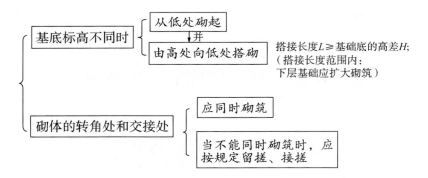

图 10-2　砌筑顺序

以上参见《验收规范》3.0.6条

（6）砌筑墙体应设置皮数杆。

以上参见《验收规范》3.0.7条

（7）对临时施工洞口的要求如图 10-3 所示。

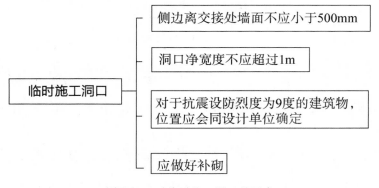

图 10-3　对临时施工洞口的要求

以上参见《验收规范》3.0.8条

（8）不得在下列墙体或部位设置脚手眼：

① 120mm 厚墙、清水墙、料石墙、独立柱和附墙柱；

② 过梁上与过梁成 60°角的三角形范围及过梁净跨度 1/2 的高度范围内；

③ 宽度小于 1m 的窗间墙；

④ 门窗洞口两侧石砌体 300mm，其他砌体 200mm 范围内；转角处石砌体 600mm，其他砌体 450mm 范围内；

⑤ 梁或梁垫下及其左右 500mm 范围内；

⑥ 设计不允许设置脚手眼的部位；

⑦ 轻质墙体；

⑧ 夹心复合墙外叶墙。

以上参见《验收规范》3.0.9条

（9）脚手眼补砌时，应清除脚手眼内掉落的砂浆、灰尘；脚手眼处砖及填塞用砖应湿润，并应填实砂浆。

以上参见《验收规范》3.0.10条

（10）杂项要求，如图10-4所示。

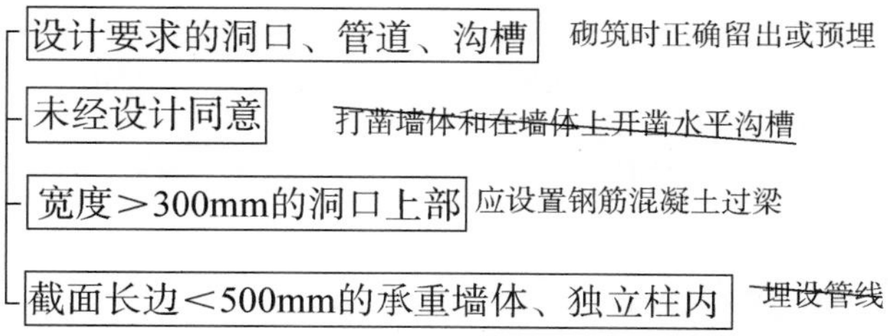
设计要求的洞口、管道、沟槽
砌筑时正确留出或预埋
未经设计同意
打凿墙体和在墙体上开凿水平沟槽
宽度＞300mm的洞口上部
应设置钢筋混凝土过梁
截面长边＜500mm的承重墙体、独立柱内
埋设管线

图10-4　杂项要求

以上参见《验收规范》3.0.11条

（11）尚未施工楼板或屋面的墙或柱，其抗风允许自由高度不得超过《验收规范》表3.0.12的规定。如超过表中限值时，必须采用临时支撑等有效措施。

《验收规范》表3.0.12　墙和柱的允许自由高度（m）

墙(柱)厚(mm)	砌体密度＞1600(kg/m³)			砌体密度1300～1600(kg/m³)		
	风载(kN/m²)			风载(kN/m²)		
	0.3(约7级风)	0.4(约8级风)	0.5(约9级风)	0.3(约7级风)	0.4(约8级风)	0.5(约9级风)
190	—	—	—	1.4	1.1	0.7
240	2.8	2.1	1.4	2.2	1.7	1.1
370	5.2	3.9	2.6	4.2	3.2	2.1
490	8.6	6.5	4.3	7.0	5.2	3.5
620	14.0	10.5	7.0	11.4	8.6	5.7

注：1. 本表适用于施工处相对标高H在10m范围的情况。如$10m<H\leq 15m$，$15m<H\leq 20m$时，表中的允许自由高度应分别乘以0.9、0.8的系数；如$H>20m$时，应通过抗倾覆验算确定其允许自由高度。
2. 当所砌筑的墙有横墙或其他结构与其连接，而且间距小于表中相应墙、柱的允许自由高度的2倍时，砌筑高度可不受本表的限制。
3. 当砌体密度小于1300 kg/m³时，墙和柱的允许自由高度应另行验算确定。

以上参见《验收规范》3.0.12条

（12）砌筑完基础或每一楼层后，应校核砌体轴线和标高。在允许范围内，轴线偏差可在基础顶面或楼面上校正，标高偏差宜通过调整上部砌体灰缝厚度校正。

以上参见《验收规范》3.0.13条

（13）搁置预制梁、板的砌体顶面应平整，标高应一致。

以上参见《验收规范》3.0.14条

（14）砌体施工质量控制等级分为三级，并应按《验收规范》表3.0.15划分。

《验收规范》表 3.0.15 施工质量控制等级划分

项目	施工质量控制等级		
	A	B	C
现场质量管理	监督检查制度健全，并严格执行；施工方有在岗专业技术管理人员，人员齐全，并持证上岗	监督检查制度基本健全，并能执行；施工方有在岗专业技术管理人员，人员齐全，并持证上岗	有监督检查制度；施工方有在岗专业技术管理人员
砂浆、混凝土强度	试块按规定制作，强度满足验收规定，离散性小	试块按规定制作，强度满足验收规定，离散性较小	试块按规定制作，强度满足验收规定，离散性大
砂浆拌合	机械拌合；配合比计量控制严格	机械拌合；配合比计量控制一般	机械或人工拌合；配合比计量控制较差
砌筑工人	中级工以上，其中，高级工不少于30%	高、中级工不少于70%	初级工以上

注：1. 砂浆、混凝土强度离散性大小根据强度标准差确定。

    2. 配筋砌体不得为C级施工。

以上参见《验收规范》3.0.15条

（15）砌体结构中钢筋（包括夹心复合墙内外叶墙间的拉结件或钢筋）的防腐，应符合设计要求。

以上参见《验收规范》3.0.16条

（16）还有一些杂项要求，如图10-5所示。

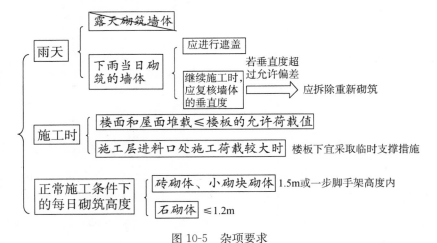

图10-5 杂项要求

以上参见《验收规范》3.0.17～3.0.19条

（17）砌体结构工程检验批的划分依据如图10-6所示。

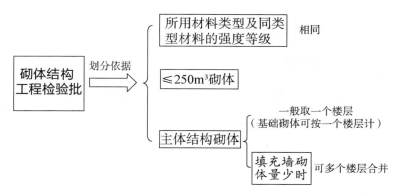

图 10-6 砌体结构工程检验批的划分依据

以上参见《验收规范》3.0.20 条

（18）工程检验批验收时的项目如图 10-7 所示。

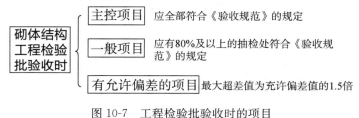

图 10-7 工程检验批验收时的项目

以上参见《验收规范》3.0.21 条

（19）在墙体砌筑过程中，当砌筑砂浆初凝后，块体被撞动或需移动时，应将砂浆清除后再铺浆砌筑。

以上参见《验收规范》3.0.23 条

10.2 对砌筑砂浆的规定

（1）使用水泥应符合的规定如图 10-8 所示。

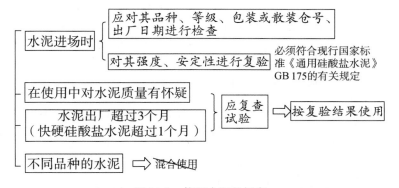

图 10-8 使用水泥的规定

抽检数量：按同一生产厂家、同品种、同等级、同批号连续进场的水泥，袋装水泥不超过 200t 为一批，散装水泥不超过 500t 为一批，每批抽样不少于一次。

检验方法：检查产品合格证、出厂检验报告和进场复验报告。

以上参见《验收规范》4.0.1 条

（2）砂浆用砂应符合的规定如图 10-9 所示。

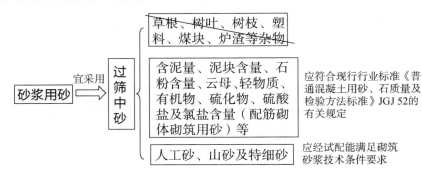

图 10-9　砂浆用砂的规定

以上参见《验收规范》4.0.2 条

（3）拌制水泥混合砂浆的粉煤灰、建筑生石灰、建筑生石灰粉及石灰膏应符合的规定如图 10-10 所示。

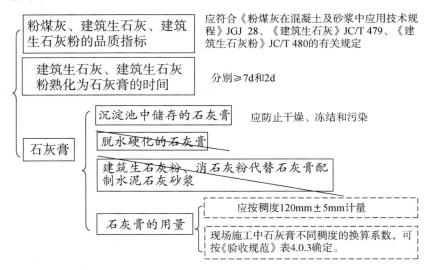

图10-10　拌制水泥混合砂浆的粉煤灰、建筑生石灰、建筑生石灰粉及石灰膏的规定

《验收规范》表 4.0.3　石灰膏不同稠度的换算系数

稠度（mm）	120	110	100	90	80	70	60	50	40	30
换算系数	1.00	0.99	0.97	0.95	0.93	0.92	0.90	0.88	0.87	0.86

以上参见《验收规范》4.0.3 条

（4）拌制砂浆用水

拌制砂浆用水的水质，应符合现行行业标准《混凝土用水标准》JGJ 63 的有关规定。

以上参见《验收规范》4.0.4 条

（5）砂浆的配合比

砌筑砂浆应进行配合比设计。当砌筑砂浆的组成材料有变更时，其配合比应重新确定。砌筑砂浆的稠度宜按《验收规范》表 4.0.5 的规定采用。

《验收规范》表 4.0.5　砌筑砂浆的稠度

砌体种类	砂浆稠度（mm）
烧结普通砖砌体 蒸压粉煤灰砖砌体	70～90
混凝土实心砖、混凝土多孔砖砌体 普通混凝土小型空心砌块砌体 蒸压灰砂砖砌体	50～70
烧结多孔砖、空心砖砌体 轻骨料小型空心砌块砌体 蒸压加气混凝土砌块砌体	60～80
石砌体	30～50

注：1. 采用薄灰砌筑法砌筑蒸压加气混凝土砌块砌体时，加气混凝土粘结砂浆的加水量按照其产品说明书控制。

2. 当砌筑其他块体时，其砌筑砂浆的稠度可根据块体吸水特性及气候条件确定。

以上参见《验收规范》4.0.5 条

（6）施工中不应采用强度等级小于 M5 的水泥砂浆替代同强度等级水泥混合砂浆。如需替代，应将水泥砂浆提高一个强度等级。

以上参见《验收规范》4.0.6 条

（7）在砂浆中掺入的砌筑砂浆增塑剂、早强剂、缓凝剂、防冻剂、防水剂等砂浆外加剂，其品种和用量应经有资质的检测单位检验和试配确定。所用外加剂的技术性能应符合现行标准《砌筑砂浆增塑剂》JG/T 164、《混凝土外加剂》GB 8076、《砂浆、混凝土防水剂》JC 474 的质量要求。

以上参见《验收规范》4.0.7 条

（8）配制砌筑砂浆时，各组分材料应采用质量计量，水泥及各种外加剂配料的允许偏差为±2%；砂、粉煤灰、石灰膏等配料的允许偏差为±5%。

以上参见《验收规范》4.0.8 条

（9）砌筑砂浆搅拌的规定如图 10-11 所示。

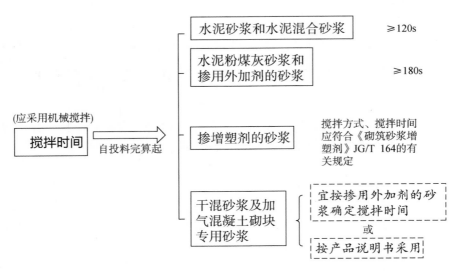

图 10-11　砌筑砂浆搅拌的规定

以上参见《验收规范》4.0.9 条

（10）现场拌制的砂浆应随拌随用，拌制的砂浆应在 3h 内使用完毕；当施工期间最高气温超过 30℃时，应在 2h 内使用完毕。预拌砂浆及蒸压加气混凝土砌块专用砌筑砂浆的使用时间应按照厂方提供的说明书确定。

以上参见《验收规范》4.0.10 条

（11）砌体结构工程使用的湿拌砂浆，除直接使用外，必须储存在不吸水的专用容器内，并根据气候条件采取遮阳、保温、防雨雪等措施，砂浆在储存过程中严禁随意加水。

以上参见《验收规范》4.0.11 条

（12）砌筑砂浆试块强度验收时的强度合格标准如图 10-12 所示。

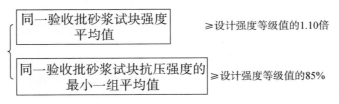

图 10-12　砌筑砂浆试块强度验收时的强度合格标准

注意

① 砌筑砂浆的验收批，同一类型、强度等级的砂浆试块应不少于 3 组；同一验收批砂浆只有一组或二组试块时，每组试块抗压强度的平均值应大于或等于设计强度等级值的 1.1 倍；对于建筑结构的安全等级为一级或设计使用年限为 50 年及以上的房屋，同一验收批砂浆试块的数量不得少于 3 组。

② 砂浆强度应以标准养护、28d 龄期的试块抗压强度为准。

③ 制作砂浆试块的砂浆稠度应与配合比设计一致。

抽检数量：每一检验批且不超过 250m³ 砌体的各类、各强度等级的普通砌筑砂浆，每台搅拌机应至少抽检一次。

验收批的预拌砂浆、蒸压加气混凝土砌块专用砂浆，抽检可为 3 组。

检验方法：在砂浆搅拌机出料口或在湿拌砂浆的储存容器出料口随机取样制作砂浆试块（现场拌制的砂浆，同盘砂浆只应制作一组试块），试块标养 28d 后作强度试验。预拌砂浆中的湿拌砂浆稠度应在进场时取样检验。

以上参见《验收规范》4.0.12 条

（13）当施工中或验收时出现下列情况，可采用现场检验方法对砂浆或砌体强度进行实体检测，并判定其强度：

① 砂浆试块缺乏代表性或试块数量不足；

② 对砂浆试块的试验结果有怀疑或有争议；

③ 砂浆试块的试验结果，不能满足设计要求；

④ 发生工程事故，需要进一步分析事故原因。

以上参见《验收规范》4.0.13 条

10.3　对砖砌体工程的规定

适用于烧结普通砖、烧结多孔砖、混凝土多孔砖、混凝土实心砖、蒸压灰砂砖、蒸压粉煤灰砖等砌体工程。

✳ 10.3.1　一般规定

1. 对砖的要求

（1）用于清水墙、柱表面的砖，应边角整齐，色泽均匀。

（2）砌体砌筑时，混凝土多孔砖、混凝土实心砖、蒸压灰砂砖、蒸压粉煤灰砖等块体的产品龄期不应小于 28d。

（3）有冻胀环境和条件的地区，地面以下或防潮层以下的砌体，不应采用多孔砖。

（4）不同品种的砖不得在同一楼层混砌。

（5）砌筑烧结普通砖、烧结多孔砖、蒸压灰砂砖、蒸压粉煤灰砖砌体时，砖应提前 1～2d 适度湿润，严禁采用干砖或处于吸水饱和状态的砖砌筑，块体湿润程度宜符合下列规定：

① 烧结类块体的相对含水率 60%～70%；

② 混凝土多孔砖及混凝土实心砖不需要浇水湿润，但在气候干燥炎热的情况下，宜在砌筑前对其喷水湿润。其他非烧结类块体的相对含水率 40%～50%。

以上参见《验收规范》5.1.2～5.1.6 条

2. 砌筑的一般要求

（1）采用铺浆法砌筑砌体，铺浆长度不得超过 750mm；当施工期间气温超过 30℃时，铺浆长度不得超过 500mm。

（2）240mm 厚承重墙的每层墙的最上一皮砖，砖砌体的阶台水平面上及挑出层的外皮砖，应整砖丁砌。

（3）多孔砖的孔洞应垂直于受压面砌筑。半盲孔多孔砖的封底面应朝上砌筑。

（4）竖向灰缝不应出现透明缝、瞎缝和假缝。

（5）砖砌体施工临时间断处补砌时，必须将接搓处表面清理干净，洒水湿润，并填实砂浆，保持灰缝平直。

以上参见《验收规范》5.1.7 条、5.1.8 条、5.1.11～5.1.13 条

3. 砌筑的特殊要求

（1）弧拱式及平拱式过梁的灰缝应砌成楔形缝，拱底灰缝宽度不宜小于 5mm；拱顶灰缝宽度不应大于 15mm，拱体的纵向及横向灰缝应填实砂浆；平拱式过梁拱脚下面应伸入墙内不小于 20mm；砖砌平拱过梁底应有 1‰的起拱。

（2）砖过梁底部的模板及其支架拆除时，灰缝砂浆强度不应低于设计强度的 75％。

（3）夹心复合墙的砌筑应符合下列规定：

① 墙体砌筑时，应采取措施防止空腔内掉落砂浆和杂物；

② 拉结件设置应符合设计要求，拉结件在叶墙上的搁置长度不应小于叶墙厚度的 2/3，并不应小于 60mm；

③ 保温材料品种及性能应符合设计要求。保温材料的浇注压力不应对砌体强度、变形及外观质量产生不良影响。

以上参见《验收规范》5.1.9 条、5.1.10 条、5.1.14 条

✳ 10.3.2 主控项目

（1）砖和砂浆的强度等级必须符合设计要求。

抽检数量：每一生产厂家，烧结普通砖、混凝土实心砖每 15 万块，烧结多孔砖、混凝土多孔砖、蒸压灰砂砖及蒸压粉煤灰砖每 10 万块各为一验收批，不足上述数量时按 1 批计，抽检数量为 1 组。砂浆试块的抽检数量执行《验收规范》第 4.0.12 条的有关规定。

检验方法：查砖和砂浆试块试验报告。

以上参见《验收规范》5.2.1 条

（2）砌体灰缝砂浆应密实饱满，砖墙水平灰缝的砂浆饱满度不得低于 80％；砖柱（图 10-13）水平灰缝和竖向灰缝饱满度不得低于 90％。

抽检数量：每检验批抽查不应少于 5 处。

图 10-13　某砖柱

检验方法：用百格网检查砖底面与砂浆的粘结痕迹面积。每处检测 3 块砖，取其平均值。

以上参见《验收规范》5.2.2 条

（3）砖砌体的转角处和交接处应同时砌筑．严禁无可靠措施的内外墙分砌施工。在抗震设防烈度为 8 度及 8 度以上的地区，对不能同时砌筑而又必须留置的临时间断处应砌成斜槎，普通砖砌体斜槎水平投影长度不应小于高度的 2/3。多孔砖砌体的斜槎长高比不应小于 1/2。斜槎高度不得超过一步脚手架的高度。

抽检数量：每检验批抽查不应少于 5 处。

检验方法：观察检查。

以上参见《验收规范》5.2.3 条

（4）非抗震设防及抗震设防烈度为 6 度、7 度地区的临时间断处，当不能留斜槎时，除转角处外，可留直槎，但直槎必须做成凸槎，且应加设拉结钢筋，拉结钢筋应符合下列规定：

① 每 120mm 墙厚放置 1φ6 拉结钢筋（120mm 厚墙应放置 2φ6 拉结钢筋）；

② 间距沿墙高不应超过 500mm，且竖向间距偏差不应超过 100mm；

③ 埋入长度从留槎处算起每边均不应小于 500mm，对抗震设防烈度 6 度、7 度的地区，不应小于 1000mm；

④ 末端应有 90°弯钩。

抽检数量：每检验批抽查不应少于 5 处。

检验方法：观察和尺量检查。

以上参见《验收规范》5.2.4 条

✦ 10.3.3 一般项目

（1）砖砌体组砌方法应正确，内外搭砌，上、下错缝。清水墙、窗间墙无通缝；混水墙中不得有长度大于 300mm 的通缝，长度 200～300mm 的通缝每间不超过 3 处，且不得位于同一面墙体上。砖柱不得采用包心砌法。

抽检数量：每检验批抽查不应少于 5 处。

检验方法：观察检查。砌体组砌方法抽检每处应为 3～5m。

以上参见《验收规范》5.3.1 条

（2）砖砌体的灰缝应横平竖直，厚薄均匀。水平灰缝厚度及竖向灰缝宽度宜为 10mm，但不应小于 8mm，也不应大于 12mm。

抽检数量：每检验批抽查不应少于 5 处。

检验方法：水平灰缝厚度用尺量 10 皮砖砌体高度折算。竖向灰缝宽度用尺量 2m 砌体长度折算。

以上参见《验收规范》5.3.2 条

（3）砖砌体尺寸、位置的允许偏差及检验应符合《验收规范》表 5.3.3 的规定：

《验收规范》表 5.3.3　砖砌体尺寸、位置的允许偏差及检验

项次	项目			允许偏差（mm）	检验方法	抽检数量
1	轴线位移			10	用经纬仪和尺或用其他测量仪器检查	承重墙、柱全数检查
2	基础、墙、柱顶面标高			±15	用水准仪和尺检查	不应小于 5 处
3	墙面垂直度	每层		5	用 2m 托线板检查	不应小于 5 处
		全高	10m	10	用经纬仪、吊线和尺或其他测量仪器检查	外墙全部阳角
			10m	20		
4	表面平整度	清水墙、柱		5	用 2m 靠尺和楔形塞尺检查	不应小于 5 处
		混水墙、柱		8		
5	水平灰缝平直度	清水墙		7	拉 5m 线和尺检查	不应小于 5 处
		混水墙		10		
6	门窗洞口高、宽（后塞口）			±10	用尺检查	不应小于 5 处
7	外墙上下窗口偏移			20	以底层窗口为准，用经纬仪或吊线检查	不应小于 5 处
8	清水墙游丁走缝			20	以每层第一皮砖为准，用吊线和尺检查	不应小于 5 处

以上参见《验收规范》5.3.3 条

10.4 对混凝土小型空心砌块砌体工程的规定

适用于普通混凝土小型空心砌块和轻骨料混凝土小型空心砌块（以下简称小砌块）等砌体工程。

✳ 10.4.1 一般规定

1. 对砌块和砂浆的要求

（1）施工采用的小砌块的产品龄期不应小于28d。

（2）砌筑小砌块时，应清除表面污物、剔除外观质量不合格的小砌块。

（3）砌筑小砌块砌体，宜选用专用小砌块砌筑砂浆。

（4）底层室内地面以下或防潮层以下的砌体，应采用强度等级不低于C20（或Cb20）的混凝土灌实小砌块的孔洞。

（5）砌筑普通混凝土小型空心砌块砌体时，不需要对小砌块浇水湿润，如遇天气干燥炎热，宜在砌筑前对其喷水湿润；对轻骨料混凝土小砌块，应提前浇水湿润，块体的相对含水率宜为40%～50%。雨天及小砌块表面有浮水时，不得施工。

（6）承重墙体使用的小砌块应完整、无缺损、无裂缝。

> 以上参见《验收规范》6.1.3～6.1.8条

2. 砌筑的一般要求

（1）施工前，应按房屋设计图编绘小砌块平、立面排列图，施工中应按排块图施工。

（2）小砌块墙体应孔对孔、肋对肋错缝搭砌。单排孔小砌块的搭接长度应为块体长度的1/2；多排孔小砌块的搭接长度可适当调整，但不宜小于砌块长度的1/3，且不应小于90mm。墙体的个别部位不能满足上述要求时，应在灰缝中设置拉结钢筋或钢筋网片，但竖向通缝仍不得超过两皮小砌块。

（3）小砌块应将生产时的底面朝上反砌于墙上。

（4）小砌块墙体宜逐块坐（铺）浆砌筑。

（5）每步架墙（柱）砌筑完后，应随即刮平墙体灰缝。

> 以上参见《验收规范》6.1.2条、6.1.9～6.1.11条、6.1.13条

3. 砌筑的特殊要求

（1）在散热器、厨房、卫生间等设备的卡具安装处砌筑的小砌块，宜在施工前用强度等级不低于C20（或Cb20）的混凝土将其孔洞灌实。

（2）芯柱处小砌块墙体砌筑应符合下列规定：

① 每一楼层芯柱处第一皮砌体应采用开口小砌块；

② 砌筑时应随砌随清除小砌块孔内的毛边，并将灰缝中挤出的砂浆刮净。

（3）芯柱混凝土宜选用专用小砌块灌孔混凝土。浇筑芯柱混凝土应符合下列规定：

① 每次连续浇筑的高度宜为半个楼层，但不应大于1.8m；

② 浇筑芯柱混凝土时，砌筑砂浆强度应大于1MPa；

③ 清除孔内掉落的砂浆等杂物，并用水冲淋孔壁；

④ 浇筑芯柱混凝土前，应先注入适量与芯柱混凝土成分相同的去石砂浆；

⑤ 每浇筑 400～500mm 高度捣实一次，或边浇筑边捣实。

（4）小砌块复合夹心墙的砌筑应符合《验收规范》第 5.1.14 条的规定。

以上参见《验收规范》6.1.12 条、6.1.14～6.1.16 条

✳ 10.4.2 主控项目

混凝土小型空心砌块砌体工程主控项目如图 10-14 所示。

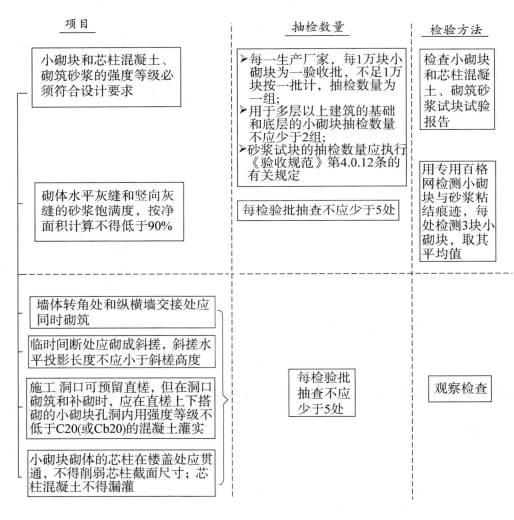

图 10-14 主控项目

以上参见《验收规范》6.2.1～6.2.4 条

10.4.3 一般项目

混凝土小型空心砌块砌体工程一般项目如图 10-15 所示。

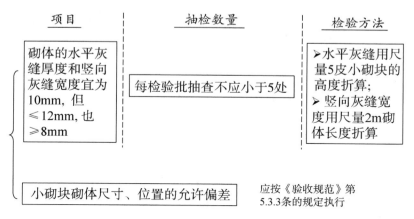

项目
抽检数量
检验方法
砌体的水平灰缝厚度和竖向灰缝宽度宜为10mm，但≤12mm，也≥8mm
每检验批抽查不应小于5处
➢水平灰缝用尺量5皮小砌块的高度折算;
➢竖向灰缝宽度用尺量2m砌体长度折算
小砌块砌体尺寸、位置的允许偏差
应按《验收规范》第5.3.3条的规定执行

图 10-15　一般项目

以上参见《验收规范》6.3.1 条、6.3.2 条

10.5　对石砌体工程的规定

适用于毛石、毛料石、粗料石、细料石等砌体工程。

10.5.1 一般规定

（1）对石材的要求如图 10-16 所示。

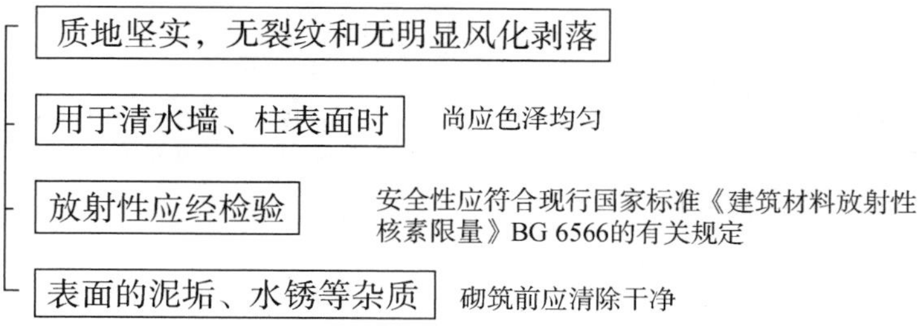

质地坚实，无裂纹和无明显风化剥落
用于清水墙、柱表面时
尚应色泽均匀
放射性应经检验
安全性应符合现行国家标准《建筑材料放射性核素限量》BG 6566的有关规定
表面的泥垢、水锈等杂质
砌筑前应清除干净

图 10-16　对石材的要求

以上参见《验收规范》7.1.2 条、7.1.3 条

（2）砌筑的一般要求如图 10-17 所示。

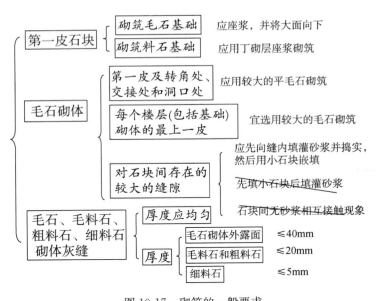

图 10-17　砌筑的一般要求

以上参见《验收规范》7.1.4～7.1.6条、7.1.9条

（3）砌筑挡土墙的要求如图 10-18 所示。

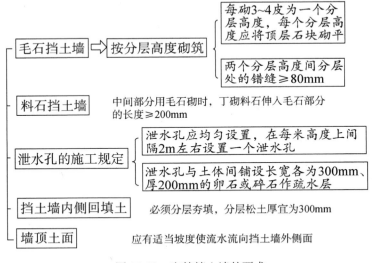

图 10-18　砌筑挡土墙的要求

以上参见《验收规范》7.1.7条、7.1.8条、7.1.10条、7.1.11条

（4）砌筑的特殊要求如图 10-19 所示。

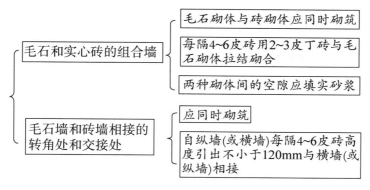

图 10-19　砌筑的特殊要求

以上参见《验收规范》7.1.12 条、7.1.13 条

✳ **10.5.2　主控项目**

砌体工程主控项目如图 10-20 所示。

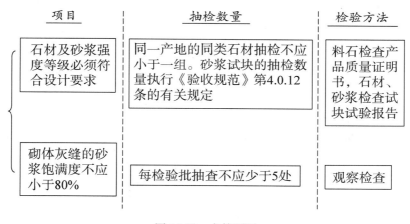

图 10-20　主控项目

以上参见《验收规范》7.2.1 条、7.2.2 条

✳ **10.5.3　一般项目**

（1）石砌体尺寸、位置的允许偏差及检验方法应符合《验收规范》表 7.3.1 的规定。抽检数量：每检验批抽查不应少于 5 处。

（2）石砌体的组砌形式应符合下列规定：

① 内外搭砌，上下错缝，拉结石、丁砌石交错设置；

② 毛石墙拉结石每 0.7m² 墙面不应少于 1 块。

检查数量：每检验批抽查不应少于 5 处。

检验方法：观察检查。

《验收规范》表 7.3.1 石砌体尺寸、位置的允许偏差及检验方法

项次	项目		允许偏差(mm)							检验方法
		毛石砌体		料石砌体						
				毛料石		粗料石		细料石		
		基础	墙	基础	墙	基础	墙	墙、柱		
1	轴线位置	20	15	20	15	15	10	10		用经纬仪和尺检查，或用其他测量仪器检查
2	基础和墙砌体顶面标高	±25	±15	±25	±15	±15	±15	±10		用水准仪和尺检查
3	砌体厚度	+30	+20 −10	+30	+20 −10	+15	+10 −5	+10 −5		用尺检查
4	墙面垂直度 每层	—	20	—	20	—	10	7		用经纬仪、吊线和尺检查，或用其他测量仪器检查
	全高	—	30	—	30	—	25	10		
5	表面平整度 清水墙、柱	—	—	—	20	—	10	5		细料石用 2m 靠尺和楔形塞尺检查，其他用两直尺垂直于灰缝拉 2m 线和尺检查
	混水墙、柱	—	—	—	30	—	15	—		
6	清水墙水平灰缝平直度	—	—	—	—	—	10	5		拉 10m 线和尺检查

以上参见《验收规范》7.3.1 条、7.3.2 条

10.6 对配筋砌体工程的规定

✳ 10.6.1 一般规定

（1）配筋砌体工程除应满足本章要求和规定外，尚应符合《验收规范》第 5 章及第 6 章的要求和规定。

（2）施工配筋小砌块砌体剪力墙，应采用专用的小砌块砌筑砂浆砌筑，专用小砌块灌孔混凝土浇筑芯柱。

（3）设置在灰缝内的钢筋，应居中置于灰缝内，水平灰缝厚度应大于钢筋直径 4mm 以上。

以上参见《验收规范》8.1.1～8.1.3 条

✸ 10.6.2 主控项目

配筋砌体工程主控项目如图 10-21 所示。

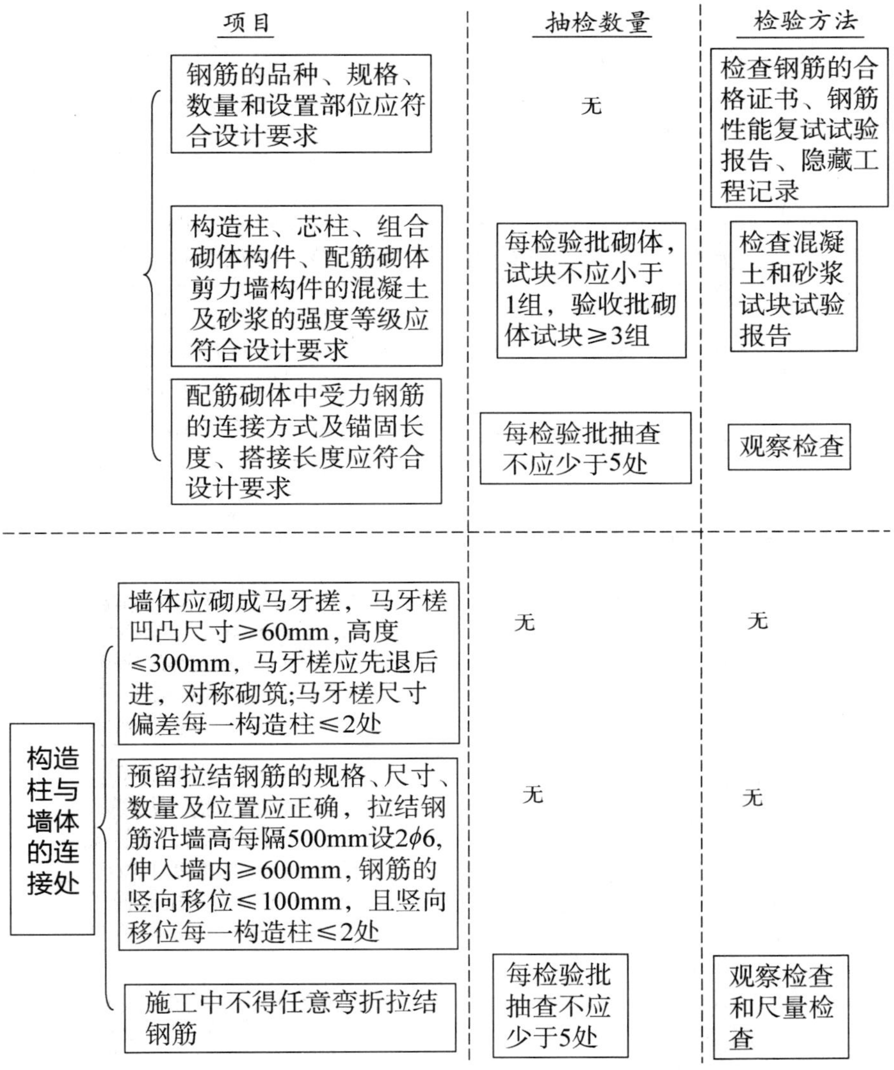

项 目	抽检数量	检验方法
钢筋的品种、规格、数量和设置部位应符合设计要求	无	检查钢筋的合格证书、钢筋性能复试试验报告、隐藏工程记录
构造柱、芯柱、组合砌体构件、配筋砌体剪力墙构件的混凝土及砂浆的强度等级应符合设计要求	每检验批砌体，试块不应小于1组，验收批砌体试块≥3组	检查混凝土和砂浆试块试验报告
配筋砌体中受力钢筋的连接方式及锚固长度、搭接长度应符合设计要求	每检验批抽查不应少于5处	观察检查
构造柱与墙体的连接处 → 墙体应砌成马牙槎，马牙槎凹凸尺寸≥60mm，高度≤300mm，马牙槎应先退后进，对称砌筑；马牙槎尺寸偏差每一构造柱≤2处	无	无
预留拉结钢筋的规格、尺寸、数量及位置应正确，拉结钢筋沿墙高每隔500mm设2ϕ6，伸入墙内≥600mm，钢筋的竖向移位≤100mm，且竖向移位每一构造柱≤2处	无	无
施工中不得任意弯折拉结钢筋	每检验批抽查不应少于5处	观察检查和尺量检查

图 10-21　主控项目

以上参见《验收规范》8.2.1～8.2.4条

✸ 10.6.3 一般项目

（1）构造柱一般尺寸允许偏差及检验方法应符合《验收规范》表 8.3.1 的规定。抽检数量：每检验批抽查不应少于 5 处。

序号	项　目			允许偏差（mm）	检验方法
1	中心线位置			10	用经纬仪和尺检查或用其他测量仪器检查
2	层间错位			8	用经纬仪和尺检查或用其他测量仪器检查
3	垂直度	每层		10	用2m托线板检查
		全高	≤10m	15	用经纬仪、吊线和尺检查或用其他测量仪器检查
			>10m	20	

（2）钢筋安装位置的允许偏差及检验方法应符合《验收规范》表 8.3.4 的规定。抽检数量：每检验批抽查不应少于 5 处。

《验收规范》表 8.3.4　钢筋安装位置的允许偏差及检验方法

项　目		允许偏差（mm）	检验方法
受力钢筋保护层厚度	网状配筋砌体	±10	检查钢筋网成品，钢筋网放置位置局部剔缝观察，或用探针刺入灰缝内检查，或用钢筋位置测定仪测定
	组合砖砌体	±5	支模前观察与尺量检查
	配筋小砌块砌体	±10	浇筑灌孔混凝土前观察与尺量检查
配筋小砌块砌体墙凹槽中水平钢筋间距		±10	钢尺量连续三档，取最大值

其他要求如图 10-22 所示。

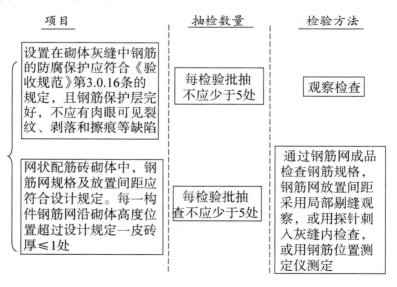

图 10-22　一般项目

以上参见《验收规范》8.3.1～8.3.4 条

10.7　对填充墙砌体工程的规定

适用于烧结空心砖、蒸压加气混凝土砌块、轻骨料混凝土小型空心砌块等填充墙砌体工程。

✴ 10.7.1　一般规定

（1）对材料的要求如图 10-23 所示。

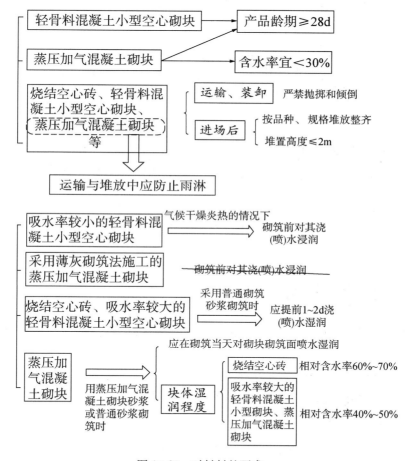

图 10-23　对材料的要求

以上参见《验收规范》9.1.2～9.1.5 条

（2）砌筑的一般要求如图 10-24 所示。

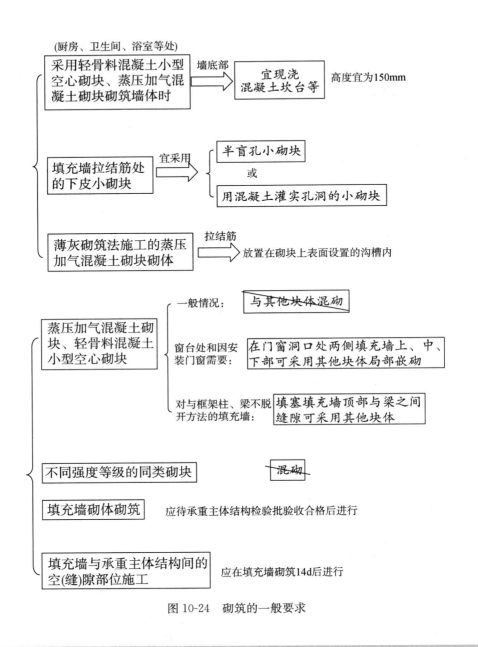

图 10-24　砌筑的一般要求

以上参见《验收规范》9.1.6～9.1.9条

✴ 10.7.2　主控项目

填充墙砌体工程主控项目如图 10-25 所示。

项目	抽检数量	检验方法
烧结空心砖、小砌块和砌筑砂浆的强度等级应符合设计要求	烧结空心砖每10万块为一验收批,小砌块每1万块为一验收批(不足上述数量时按一批计),抽检数量为一组。砂浆试块的抽检数量执行《验收规范》第4.0.12条的有关规定	检查砖、小砌块进场复验报告和砂浆试块试验报告
填充墙砌体应与主体结构可靠连接,其连接构造应符合设计要求,未经设计同意,不得随意改变连接构造方法。每一填充墙与柱的拉结筋的位置超过一皮块体高度的数量不得多于一处	每检验批抽查不应少于5处	观察检查
填充墙与承重墙、柱、梁的连接钢筋,当采用化学植筋的连接方式时,应进行实体检测。锚固钢筋拉拔试验的轴向受拉非破坏承载力检验值应为6.0kN。抽检钢筋在检验值作用下应基材无裂缝、钢筋无滑移宏观裂损现象;持荷2min期间荷载值降低≤5%	按《验收规范》表9.2.3确定	原位试验检查

图 10-25 主控项目

《验收规范》表 9.2.3 检验批抽检锚固钢筋样本最小容量

检验批的容量	样本最小容量	检验批的容量	样本最小容量
≤ 90	5	281～500	20
91～150	8	501～1200	32
151～280	13	1201～3200	50

以上参见《验收规范》9.2.1～9.2.3条

✴ 10.7.3 一般项目

（1）填充墙砌体尺寸、位置的允许偏差及检验方法应符合《验收规范》表 9.3.1 的规定。抽检数量：每检验批抽查不应少于 5 处。

《验收规范》表 9.3.1　填充墙砌体尺寸、位置的允许偏差及检验方法

序号	项　目		允许偏差（mm）	检验方法
1	轴线位移		10	用尺检查
2	垂直度（每层）	≤3m	5	用 2m 托线板或吊线、尺检查
		>3m	10	
3	表面平整度		8	用 2m 靠尺和楔形尺检查
4	门窗洞口高、宽（后塞口）		±10	用尺检查
5	外墙上、下窗口偏移		20	用经纬仪或吊线检查

以上参见《验收规范》9.3.1 条

（2）填充墙砌体的砂浆饱满度及检验方法应符合《验收规范》表 9.3.2 的规定。抽检数量：每检验批抽查不应少于 5 处。

《验收规范》表 9.3.2　填充墙砌体的砂浆饱满度及检验方法

砌体分类	灰缝	饱满度及要求	检验方法
空心砖砌体	水平	≥80%	采用百格网检查块体底面或侧面砂浆的粘结痕迹面积
	垂直	填满砂浆、不得有透明缝、瞎缝、假缝	
蒸压加气混凝土砌块、轻骨料混凝土小型空心砌块砌体	水平	≥80%	
	垂直	≥80%	

以上参见《验收规范》9.3.2 条

其他要求如图 10-26 所示。

项目	抽检数量	检验方法
填充墙留置的拉结钢筋或网片的位置应与块体皮数相符合。拉结钢筋或网片应置于灰缝中，埋置长度应符合设计要求，竖向位置偏差≤一皮高度	每检验批抽查不应少于5处	观察和用尺量检查
砌筑填充墙时应错缝搭砌。➤蒸压加气混凝土砌块搭砌长度≥砌块长度的1/3；➤轻骨料混凝土小型空心砌块搭砌长度≥90mm；竖向通缝≤2皮	每检验批抽查不应少于5处	观察和用尺量检查
填充墙的水平灰缝厚度和竖向灰缝宽度应正确。烧结空心砖、轻骨料混凝土小型空心砌块砌体的灰缝应为8~12mm。蒸压加气混凝土砌块砌体当采用水泥砂浆、水泥混合砂浆或蒸压加气混凝土砌块砌筑砂浆时，水平灰缝厚度及竖向灰缝宽度≤15mm；当蒸压加气混凝土砌块砌体采用蒸压加气混凝土砌块粘结砂浆时，水平灰缝厚度和竖向灰缝宽度宜为3~4mm	每检验批抽查不应少于5处	水平灰缝厚度用尺量5皮小砌块的高度折算；竖向灰缝宽度用尺量2m砌体长度折算

图 10-26　一般项目

以上参见《验收规范》9.3.3～9.3.5 条

10.8　专题——冬期施工

当室外日平均气温连续 5d 稳定低于 5℃时，砌体工程应采取冬期施工措施。冬期施工应有完整的冬期施工方案。

注：（1）气温根据当地气象资料确定。

（2）冬期施工期限以外，当日最低气温低于 0℃时，也应按本节的规定执行。

以上参见《验收规范》10.0.1 条、10.0.3 条

✳ 10.8.1 对材料的要求

冬期施工对材料的要求如图 10-27 所示。

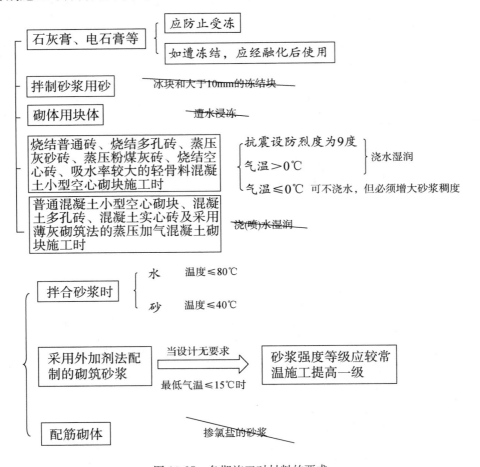

图 10-27 冬期施工对材料的要求

说 明

（1）冬期施工所用材料应符合下列规定：

① 石灰膏、电石膏等应防止受冻。如遭冻结，应经融化后使用。

② 拌制砂浆用砂，不得含有冰块和大于 10mm 的冻结块。

③ 砌体用块体不得遭水浸冻。

（2）冬期施工中砖、小砌块浇（喷）水湿润应符合下列规定：

① 烧结普通砖、烧结多孔砖、蒸压灰砂砖、蒸压粉煤灰砖、烧结空心砖、吸水率较大的轻骨料混凝土小型空心砌块在气温高于 0℃ 条件下砌筑时，应浇水湿润；在气温低于、等于 0℃ 条件下砌筑时，可不浇水，但必须增大砂浆稠度。

② 普通混凝土小型空心砌块、混凝土多孔砖、混凝土实心砖及采用薄灰砌筑法的蒸压加气混凝土砌块施工时，不应对其浇（喷）水湿润。

③ 抗震设防烈度为 9 度的建筑物，当烧结普通砖、烧结多孔砖、蒸压粉煤灰砖、烧结空心砖无法浇水湿润时，如无特殊措施，不得砌筑。

（3）拌合砂浆时水的温度不得超过 80℃，砂的温度不得超过 40℃。

（4）采用外加剂法配制的砌筑砂浆，当设计无要求，且最低气温等于或低于 -15℃ 时，砂浆强度等级应较常温施工提高一级。

（5）配筋砌体不得采用掺氯盐的砂浆施工。

以上参见《验收规范》10.0.4 条、10.0.7 条、10.0.8 条、10.0.12 条和 10.0.13 条

✴ 10.8.2　对砌筑的要求

冬期施工对砌筑的要求如图 10-28 所示。

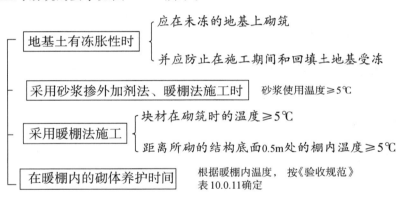

图 10-28　冬期施工对砌筑的要求

《验收规范》表 10.0.11　暖棚法砌体的养护时间

暖棚的温度（℃）	5	10	15	20
养护时间（d）	≥6	≥5	≥4	≥3

以上参见《验收规范》10.0.6 条、10.0.9～10.0.11 条

✴ 10.8.3　其他要求

冬期施工的其他要求如图 10-29 所示。

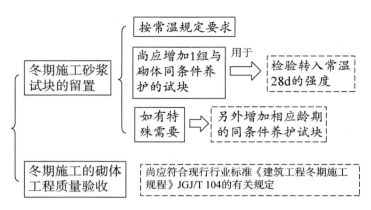

图 10-29　冬期施工的其他要求

以上参见《验收规范》10.0.5条、10.0.2条

第11章 结 语

11.1 砌 体 的 优 点

（1）材料来源广泛（石材、黏土、砂、煤矸石、粉煤灰、页岩等），便于就地取材；
（2）耐火性、耐久性好；
（3）保温隔热性好；
（4）施工可连续、设备简单、无模板。

11.2 砌 体 的 缺 点

（1）材料用量多、自重大；
（2）黏土砖毁坏耕地；
（3）砂浆的粘结力较弱，结构的抗拉、抗弯、抗剪强度低；
（4）抗震、抗裂性较差；
（5）砌筑工作繁重（图11-1）。

图11-1 缅甸某砌筑工地

11.3 应 用 范 围

应用很广泛，主要包括：
（1）承压构件：基础、内外墙、柱等；
（2）围护墙、填充墙；
（3）烟囱、水池、仓库；
（4）桥梁、隧道、涵洞、挡土墙；
（5）做装饰（图11-2）。

图 11-2 济南某处的砌体装饰墙

11.4 砌体结构发展展望

（1）积极开发新材料；

（2）进一步研究与推广配筋砌体、组合砌体；

（3）深入完善砌体结构的分析和设计理论；

（4）提高施工的工业化水平。

参 考 文 献

［1］ 砌体结构设计规范（GB 50003—2011）

［2］ 砌体结构工程施工质量验收规范（GB 50203—2011）

［3］ 建筑抗震设计规范（GB 50011—2010）

［4］ 唐岱新．砌体结构（第二版）．北京：高等教育出版社，2011

［5］ 施楚贤．砌体结构（第三版）．北京：中国建筑工业出版社，2013

［6］ 建筑结构荷载规范（GB 50009—2012）